U0308073

怒江鱼类图册

刘绍平　刘明典　朱峰跃
岳兴建　陈大庆　段辛斌　编著

中国农业出版社

北　京

前言

FOREWORD

　　怒江发源于我国青藏高原唐古拉山南麓，是中国西南地区的重要跨境河流之一。怒江源头称桑曲，桑曲由西南方向注入错那湖、喀隆湖后称为那曲，在比如附近汇入索曲后始称怒江，流向大体为东南，过察隅察瓦龙后入云南贡山，纵贯云南省西部，流向渐转向南，在潞西县流出国境，出国境后称为萨尔温江，流经缅甸、泰国入海。怒江全长3240千米，中国部分长2020千米，天然落差4848米，是我国现今唯一一条未修建水利水电工程的大型河流。

　　怒江流域是我国三大生物物种聚集中心之一，位居我国17个生物多样性保护地区之首。怒江流域的高等植物和野生脊椎动物分别占我国20%、25%以上，拥有77种国家级保护动物和34种国家级保护植物。怒江流域丰富的物种资源、自然景观资源和人文资源在我国占有非常重要的地位。

　　近年来，随着我国社会经济的跨越式发展，怒江流域的生物资源和生态环境也随之发生了明显的变化，怒江鱼类的资源、种类和分布现状也受到了国内学者和环保人士越来越多的关注。为了使读者更好地认识和了解怒江分布的主要鱼类，本书收录了笔者在怒江调查过程中记录的58种主要鱼类，每种鱼类均配有原色照片，并对命名、分类、形态、生物学、繁殖习性、资源现状等关键信息做了相关介绍，本书可以作为相关院校和科研机构的参考用书，也可以供渔业资源调查者、鱼类爱好者、渔业管理者等作为工具书使用。受到时间精力和笔者能力所限，书中难免存在不足之处，敬请广大读者批评指正。

目 录

C O N T E N T S

前言

1　云纹鳗鲡 *Anguilla nebulosa* McClelland, 1844 1

2　半线鲃 *Danio interrupta* (Day, 1869) 2

3　斑尾低线鱲 *Barilius caudiocellatus* Boulenger, 1920 3

4　长嘴鱲 *Raiamas guttatus* (Day, 1870) 4

5　异鲴 *Parazacco spilurus* (Günther, 1868) 5

6　少鳞舟齿鱼 *Scaphiodonichthys acanthopterus* (Fowler, 1934) 6

7　后鳍吻孔鲃 *Barbodes opisthoptera* Wu, 1977 7

8　保山新光唇鱼 *Barbodes wynaadensis* Day, 1873 8

9　条纹小鲃 *Puntius semifasciolatus* (Günther, 1868) 9

10　半刺结鱼 *Tor hemispinus* Chen et Chu, 1985 10

11　后背鲈鲤 *Percocypris pingi retrodorslis* Cui & Chu, 1990 11

12　伍氏孟加拉鲮 *Sinilabeo wui* (Zheng & Chen, 1983) 12

13　角鱼 *Epalzeorhynchus bicornis* Wu, 1977 13

14　东方墨头鱼 *Garra orientalis* Nichols, 1925 14

15　墨头鱼 *Garra pingi pingi* (Tchang, 1929) 15

16　云南野鲮 *Labeo yunnanensis* Chaudhuri, 1911 16

17　缺须盆唇鱼 *Placocheilus cryptonemus* Cui et Li, 1984 17

18　贡山裂腹鱼 *Schizothorax gongshanensis* Tsao, 1964 18

19　怒江裂腹鱼 *Schizothorax nukiangensis* Tsao, 1964 19

20　保山裂腹鱼 *Schizothorax yunnanensis paoshanensis* Tsao, 1964 20

21　光唇裂腹鱼 *Schizothorax lissolabiatus* Tsao, 1964 21

22　裸腹叶须鱼 *Ptychobarbus kaznakovi* Nikolsky, 1903 22

23　热裸裂尻鱼 *Schizopygopsis thermalis* Herzenstein, 1891 23

24　鲫 *Carassius auratus* (Linnaeus, 1758) 24

25　拟鳗副鳅 *Paracobitis anguillioides* Zhu & Wang, 1985 25

26 长南鳅 *Schistura longus* (Zhu, 1982) 26

27 横纹南鳅 *Schistura fasciolatus* (Nichols & Pope, 1927) 27

28 密纹南鳅 *Schistura vinciguerrae* (Hora, 1935) 28

29 分纹南鳅 *Schistura disparizona* (Zhou & Kottelat, 2005) 29

30 异尾高原鳅 *Triplophysa stewartli* (Hora, 1922) 30

31 短尾高原鳅 *Triplophysa brevicauda* (Herzenstein, 1888) 31

32 斯氏高原鳅 *Triplophysa stoliczkae* (Steindachner, 1866) 32

33 东方高原鳅 *Triplophysa orientalis* (Herzenstein, 1888) 33

34 圆腹高原鳅 *Triplophysa rotundiventris* (Wu & Chen, 1979) 34

35 拟硬刺高原鳅 *Triplophysa pseudoscleroptera* (Zhu et Wu, 1981) 35

36 细尾高原鳅 *Triplophysa stenura* (Herzenstein, 1988) 36

37 怒江高原鳅 *Triplophysa nujiangensa* Chen, Cui & Yang, 2004 37

38 突吻沙鳅 *Botia rostrata* Günther, 1868 38

39 赫氏似鳞头鳅 *Lepidocephalichthys hasselti* (Valenciennes, 1846) 39

40 泥鳅 *Misgurnus anguillicaudatus* (Cantor, 1842) 40

41 怒江间吸鳅 *Hemimyzon nujiangensis* (Zheng & Zhang, 1983) 41

42 云南鲱鲇 *Clupisoma yunnanensis* (He & Huang, 1995) 42

43 穴形纹胸鲱 *Glyptothorax cavia* (Hamilton, 1822) 43

44 亮背纹胸鲱 *Glyptothorax dorsalis* Vinciguerra, 1890 44

45 扎那纹胸鲱 *Glyptothorax zainaensis* Wu, He & Chu, 1981 45

46 德钦纹胸鲱 *Glyptothorax deqinensis* Mo & Chu, 1986 46

47 三线纹胸鲱 *Glyptothorax trilineatus* Blyth, 1860 47

48 长鳍褶鲱 *Pseudecheneis longipectoralis* Zhou, Li & Yang, 2008 48

49 短鳍鲱 *Pareuchiloglanis feae* (Vinciguerra, 1890) 49

50 扁头鲱 *Pareuchiloglanis kamengensis* (Jayaram, 1966) 50

51 贡山鲱 *Pareuchiloglanis gongshanensis* Chu, 1981 51

52 长丝黑鲱 *Gagata dolichonema* He, 1996 52

53 巨鲐 *Bagarius yarrelli* (Sykes, 1839) 53

54 短体拟鲿 *Pseudexostoma yunnanensis brachysoma* Chu, 1979 54

55 藏鲿 *Exostoma labiatum* (McClelland, 1842) 55

56 无斑异齿鲿 *Oreoglanis immaculatus* Kong, Chen & Yang, 2007 56

57 宽额鳢 *Channa gachua* (Hamilton, 1822) 57

58 黄鳝 *Monopterus albus* (Zuiew, 1793) 58

附录　野外工作照片 59

① 云纹鳗鲡 *Anguilla nebulosa* McClelland, 1844

别名：无。

英文名称：Mottled eel。

地方名：蛇鱼。

分类地位：鳗鲡目 Anguilliformes、鳗鲡科 Anguillidae。

大小：体长最大可达 1.4m，重量可超过 6.5kg。

主要形态特征：体延长，蛇形，前部圆筒形，尾部侧扁。头较大，略平扁，吻端圆钝。背鳍起点在鳃孔后上方，臀鳍起点与背鳍起点间的直线距离小于头长，胸鳍较小，腹鳍缺失。肛门紧邻臀鳍起点，背鳍、臀鳍发达，与尾鳍相连。体被细长小鳞，每小群由 5～6 枚小鳞片平行排列构成，各鳞群互相垂直交叉，呈席纹状，埋于皮下。侧线孔明显。

颜色：新鲜标本背部和体侧黄色为底，密布黑色杂斑，腹部白色，各鳍浅棕黑色。

生物学特性：降河性洄游鱼类。生活于江河干支流的上游，常栖息于干流、溪流等急流下的乱石洞穴中，多在夜间活动。性凶猛。食性杂，主要摄食鱼、虾、蟹、水生昆虫、蛙、蛇等。4—5月从越冬场所出来，在干流及较大支流觅食，10月后蛰伏于江河干支流越冬。

繁殖习性：性成熟后洄游到印度洋产卵。产卵地不详。

资源：在产地为常见重要经济鱼类。当地渔民主要通过钩钓捕获。6—8月为捕捞旺季。年产量 500～1000kg。目前资源已萎缩，仅在支流勐波罗河、三江口以下干流有一定产量。2008年在六库镇上游的称杆乡发现1尾。该鱼为至今发现其洄游距离最远。

分布：分布于怒江水系六库镇以下江段干支流。国外分布于印度洋的东非地区至印度尼西亚的苏门答腊岛之间，以及缅甸伊洛瓦底江水系。

物种濒危等级：濒危。

保护措施：以就地保护为主。

② **半线鲃** *Danio interrupta* （Day, 1869）

别名：无。

英文名称：无。

地方名：糠秕鱼。

分类地位：鲤形目 Cypriniformes、鲤科 Cyprinidae、鲃亚科 Danioninae。

大小：全长42～69mm，体长34～53mm。

主要形态特征：体侧扁，背缘和腹缘呈浅弧形。头中等大。吻短，前缘中央具1块凹陷。鼻孔离眼较离吻端为近。眼侧上位，眼后缘恰位头的中点。口上位，口裂下斜，后伸不及眼前缘的垂直线。无须。背鳍短，无硬刺。臀鳍起点与背鳍第1或第2分枝鳍条基部相对。胸鳍末端不达腹鳍，腹鳍起点与臀鳍起点的间距相当或略小于距胸鳍的后基，后端不达臀鳍基。尾鳍分叉。鳞中等大。侧线不全，一般可伸达腹鳍起点的上方，个别可以伸达臀鳍起点前3枚鳞片，具侧线孔的鳞数9～15。全身鳞片均无纵裂。肛门紧位于臀鳍起点。鳃耙短小，排列稀疏。下咽齿呈圆柱形，顶端微弯曲。鳔2室，后室末端钝圆。腹膜银白色，具黑色斑点。

颜色：色泽鲜艳，头部银光闪亮，背青灰。体侧自鳃盖后至背鳍基部隐现深蓝色垂直斑块；向后为1条蓝色宽纵带，延伸至尾鳍基部。臀鳍及尾鳍中央血浆色，其余各鳍微黄色。雄体的腹侧微红，雌体微黄。浸制成标本后蓝色变为黑色；背正中自头后至尾鳍基具1条黑线。

生物学特性：生活在小溪或沟渠。

繁殖习性：繁殖期为5月。

资源：为常见小鱼，经济价值低。

分布：分布于怒江水系芒宽彝族傣族乡到木城乡的下游干支流，还分布于龙川江、大盈江。

物种濒危等级：无危。

③ 斑尾低线鱲 *Barilius caudiocellatus* Boulenger, 1920

别名：无。

英文名称：Coppernose barb。

地方名：糠片鱼。

分类地位：鲤形目 Cypriniformes、鲤科 Cyprinidae、鲃亚科 Danioninae。

大小：全长79～111mm，体长62～89mm。

主要形态特征：体侧扁，腹部圆，无棱。吻端圆钝。鼻孔离眼较离吻端为近。口端位，上下颌等长，口裂倾斜，伸达眼前缘垂直线。须2对，等长。背鳍短，无硬刺，外缘平直。臀鳍后缘略凹，起点与背鳍第3～5分枝鳍条相对，距尾鳍基等于或小于距胸鳍基后端。胸鳍尖，末端伸达腹鳍起点。腹鳍起点至吻端的距离小于至尾鳍基的距离。尾鳍分叉，上下叶等长或下叶较长。鳞中等大，胸鳍和腹鳍的基部各具1枚发达腋鳞。侧线完全，自胸鳍上方急剧下弯，沿腹侧延伸于尾柄的下半部。肛门紧位于臀鳍起点。鳃耙短小而尖，排列稀疏。下咽齿细长，顶端尖细。鳔2室，末端钝圆。腹膜散在黑色小斑点。

颜色：背部淡棕色，体侧和腹部银白闪光，隐现蓝色斑块10～13。前面的斑块略呈圆形或上下端稍延长，似椭圆形，不超过体侧中线。胸、腹、尾鳍淡白色，背鳍和臀鳍略带橙色。背鳍鳍条中部黑色。尾鳍基具1块界线不清晰圆形黑斑。尾鳍无条纹。

生物学特性：多集群栖息于缓水河段中上层。以底栖动物为食。

繁殖习性：繁殖季节雄性珠星密集于吻端、体侧，体侧尾柄处纵行排列。解剖10尾繁殖季节性成熟个体，雌雄比例为1∶1，卵径0.79～0.93mm，繁殖期为5月，怀卵量999～2526粒。

资源：为常见种，数量多，分布广，经济价值不大。

分布：分布于怒江水系芒宽彝族傣族乡到木城乡的干支流，还分布于澜沧江水系。

物种濒危等级：无危。

④ **长嘴鱲** *Raiamas guttatus* （Day, 1870）

别名：无。

英文名称：无。

地方名：长嘴鱼、大口鱼。

分类地位：鲤形目 Cypriniformes、鲤科 Cyprinidae、鲄亚科 Danioninae。

大小：全长 71.5 ～ 265mm，体长 56 ～ 213mm。

主要形态特征：体长，侧扁，腹部圆，无棱。头尖，头长大于体高。吻较尖。口端位，口裂大且下斜，向后延伸超越眼后缘垂直线。下颌与上颌等长，其前端具一显著瘤状突起，与上颌前端凹陷处相吻合。上下唇具略发达质韧边缘。须2对，鳃膜不与鳃峡相连。背鳍短，无硬刺，位置较后，起点与尾鳍基的间距等于或小于与眼后缘的间距，臀鳍始于背鳍基部后端稍后，起点与尾鳍基的间距大于与腹鳍基的间距。胸鳍略呈三角形，末端不达腹鳍基。腹鳍末端平截，位于背鳍起点之前，后伸不达臀鳍基。尾鳍叉形，下叶略长于上叶。鳞圆形，体侧鳞较腹部的鳞片大，在胸鳍和腹鳍各具一向后延伸的尖形叶鳞。侧线完全，向腹方微弯，沿尾柄的下半部后伸。肛门靠近臀鳍的起点。鳃耙尖，细小，排列稀疏。

颜色：背部淡棕色，全身闪烁银光，体侧沿侧线上方具13 ～ 17个不规则黑色斑点。鳃峡、胸鳍、腹鳍、臀鳍及尾鳍的基部均为橙黄色，背鳍灰黑色，尾鳍下叶边缘淡橘红色，其上具1条深黑色条纹，上叶灰黑。

生物学特性：喜居流水环境，以小鱼为食。

资源：数量少，稀有种类，偶见。

分布：分布于怒江下游干流及支流勐波罗河，还分布于澜沧江水系。

物种濒危等级：无危。

⑤ 异鱲 *Parazacco spilurus* (Günther, 1868)

别名：无。

英文名称：无。

地方名：无。

分类地位：鲤形目 Cypriniformes、鲤科 Cyprinidae、鲃亚科 Danioninae。

大小：全长81～102mm，体长63～82mm。

主要形态特征：身体侧扁。背缘和腹缘呈浅弧形。吻端圆钝。眼侧上位，眼间隔略隆起。头部外形以及口部构造与鲴类极似。口下位，深弧形，口宽与该处头宽约相等，口裂达鼻孔下方。唇后沟只达口角。上唇与下唇在口角相连。口角沟较深。下唇前缘较薄，未有似鲴类具明显角质化，未成薄锋。无须。鳃峡狭窄，宽度不及眼径一半。背鳍无硬刺，起点与腹鳍后基相对、距吻端显著较距尾鳍基为远。倒卧时背鳍鳍条末端与臀鳍起点相对。臀鳍末端不达尾鳍基，起点与尾鳍基的间距等于或大于与腹鳍起点的间距。腹鳍起点与吻端的间距等于与尾鳍基的间距。胸鳍较长，不达腹鳍基，相距1～2枚鳞片。尾鳍叉形，下叶略长于上叶。鳞中等大，在胸鳍和腹鳍基外侧各具发达尖形腋鳞。下咽骨很特殊，前角很发达，在鲤科鱼类中少见。鳔2室，后室末端尖。腹膜黑色。

颜色：全身银白反光，背部淡棕，除上缘红色，尾鳍淡黄，其余各鳍淡白。

生物学特性：栖居河流的主河道，以草屑、沉渣、丝状藻和硅藻为食。

资源：为怒江干流偶见种，经济价值不大。

分布：分布于怒江水系勐糯镇龙镇桥水域以及支流南定河。

物种濒危等级：无危。

⑥ 少鳞舟齿鱼 *Scaphiodonichthys acanthopterus* (Fowler, 1934)

别名：少鳞白甲鱼。

英文名称：无。

地方名：红尾巴。

分类地位：鲤形目 Cypriniformes、鲤科 Cyprinidae、鲃亚科 Barbinae。

大小：全长62～312mm，体长46～238mm。

主要形态特征：体长，侧扁。头短。吻钝，无吻侧沟。吻皮下包，仅露上唇边缘。吻皮与上唇之间具深沟。吻皮前端具少量锥状突起。眼中等大，侧位。口下位，横裂，上颌末端达到眼前缘垂直线。下颌前缘具发达棕色角质边，无须。鳃膜在前鳃盖骨后缘的下方与鳃峡相连。背鳍末根不分枝鳍条为硬刺。臀鳍外缘平截或浅凹，远不伸达尾鳍基，起点距尾鳍基远大于距腹鳍起点。胸鳍末端不达腹鳍基。腹鳍与胸鳍起点的间距等于或略大于与臀鳍起点的间距，后伸不及臀鳍基。尾鳍叉形。鳞中等大，前胸鳞片略小，背鳍基具发达鳞鞘，腹鳍基外侧具腋鳞。侧线中央略下弯。肛门紧靠臀鳍起点。

颜色：背部和体侧上部青蓝色，体侧下部渐变橘红色，腹部乳白，头顶青灰，鳃盖银白，喉部、颊部胭红，尾鳍灰色，其他各鳍略带浅红色。

生物学特性：喜居于清流水环境，刮食底石表面的固着生物。

资源：数量稀少，偶见种。

分布：分布于怒江水系施甸河干流红旗桥至木城乡江段以及支流船口坝水域，还分布于澜沧江水系。国外分布于缅甸湄公河流域。

物种濒危等级：无危。

后鳍吻孔鲃 *Barbodes opisthoptera* **Wu, 1977**

别名：后鳍四须鲃。

英文名称：无。

地方名：白片鱼、八爪鱼。

分类地位：鲤形目 Cypriniformes、鲤科 Cyprinidae、鲃亚科 Barbinae。

大小：全长234～256mm，体长179～193mm。

主要形态特征：体纺锤形，成鱼略高，小鱼细长，侧扁。头侧扁。吻钝。眼较大，侧位。口下位，深弧形。上颌后伸至眼前缘垂直下方。下唇前缘中央弧形，下颌不外露。上唇紧包上颌外面。唇后沟互不相通，相隔宽度小于口角间距之半。须2对，吻须略短，后伸达眼中心垂直下方或后方；口角须后伸达或超过眼后缘。鳃膜在前鳃盖骨后缘下方与鳃峡相连。背鳍末根不分枝鳍条为强壮硬刺，后缘具锯齿。背鳍起点在腹鳍基后端之后，与尾鳍基的间距相当于与前鳃盖骨后缘的间距。背鳍、臀鳍外缘浅凹。臀鳍后伸不达尾鳍基，起点与尾鳍基的间距大于与腹鳍起点的间距。胸鳍长大于或等于头长，后伸不达腹鳍基。腹鳍起点与胸鳍起点的间距略小于与臀鳍起点的间距，后伸不达臀鳍基。尾鳍深叉，末端尖。背鳍基部具鳞鞘，腹鳍基外侧具腋鳞。侧线中央和缓下弯，侧线管不具分枝。肛门紧靠臀鳍起点。随着体长增大，体长体高比例逐渐减小，体长尾柄长比例也随之减小，头长眼间距比例增大明显。第1鳃弓外侧鳃耙10枚。

颜色：背部淡黑色，腹部灰白色，体侧鳞片边缘灰色，尾鳍基具1块不明显黑色斑块，鳃孔后在肩部具一斜黑色纵带，部分在尾鳍下叶边缘出现1条微黑色细条纹。

生物学特性：以水生植物为食。繁殖季节为5月。

资源：个体较大，由于捕捞强度大，大型个体较为稀少。

分布：分布于怒江水系红旗桥下江段。

物种濒危等级：无危。

⑧ 保山新光唇鱼 *Barbodes wynaadensis* **Day, 1873**

别名：保山四须钯。
英文名称：无。
地方名：黄壳鱼、粗壳子、黄粗壳子、大粗壳子。
分类地位：鲤形目 Cypriniformes、鲤科 Cyprinidae、钯亚科 Barbinae。

大小：全长 120 ～ 211mm，体长 91.5 ～ 162mm。
主要形态特征：体中等长。头侧扁。吻圆钝，略突出，吻端光滑。吻皮略下垂，仅露边缘。眼中等大，侧上位。眼睛下前方有时具白色疣粒，排列不规则，稀密不匀。口下位，呈深弧形，左右唇后沟向前延伸，互不相通，相隔宽度不止于口宽之半。须 2 对，吻须略短，后伸达或超过眼前缘；口角须后伸达或超过眼后缘。鳃膜在前鳃盖骨后缘的下方与鳃峡相连。鳃峡宽小于眼径。背鳍末根不分枝鳍条基部稍硬稍粗，上端 1/3 ～ 1/2 柔软分节，后缘光滑无锯齿。背鳍外缘浅凹，起点与吻端的间距小于与尾鳍基的间距。臀鳍外缘平截，后伸不达尾鳍基，起点与尾鳍基的间距等于或小于与腹鳍起点的间距。胸鳍后伸不达腹鳍基。腹鳍起点位于背鳍起点的后下方，与胸鳍起点的间距大于与臀鳍起点的间距，后伸不达臀鳍基。尾鳍叉形，上叶稍长。鳞较大，侧线上具 3 枚鳞片。侧线中央略下弯，每枚侧线鳞只具一个侧线孔。肛门紧靠臀鳍起点色。
颜色：生活时体色为蓝绿色，腹部白色，鳞片较大，沿侧线为黄色纵带，故名"黄壳鱼"。背鳍和尾鳍灰色，其余各鳍浅灰色。
生物学特性：杂食性，驯养个体对于颗粒饲料、青饲料等均能摄食，甚至动物骨骼上的碎肉及向日葵籽亦能吞食。
繁殖习性：雄鱼 2 龄以上性腺发育趋于成熟，雌鱼 3 龄以上性腺发育趋于成熟，雄鱼性腺发育普遍早于雌鱼性腺发育一年。卵粒较大，接近 IV 期的卵径达 2mm，卵粒为黄色。每克相对怀卵量 5 ～ 15 粒，卵粒发育不同步，大小不匀。黏性沉性卵。自然繁殖产卵场不详，幼鱼较多在支流泉眼外。
资源：怒江干支流常见种。
分布：分布于怒江下游芒宽彝族傣族乡以下江段干支流，还分布于伊洛瓦底江水系。
物种濒危等级：无危。

⑨ 条纹小鲃 *Puntius semifasciolatus* (Günther, 1868)

别名：条纹二须鲃、五线无须鲃。

英文名称：Chinese barb。

地方名：无。

分类地位：鲤形目 Cypriniformes、鲤科 Cyprinidae、鲃亚科 Barbinae。

大小：全长 38～77mm，体长 29～61mm。

主要形态特征：体侧扁，须 1 对，短小，眼上方具红色光泽，鳞片大。体侧具 4～7 条黑色横纹以及若干不规则小黑点。侧线完整。背鳍刺弱后缘具锯齿，尾鳍叉形。

颜色：鱼体银青色，背部颜色较深，腹部金黄，雄鱼的背鳍边缘及尾鳍带橘红色。

生物学特性：喜栖息于溪流或水沟缓流区。杂食性，以小型无脊椎动物及丝藻为食。

繁殖习性：将卵产于水生植物根系，卵径约 1.2mm，黏性卵或沉性卵。

资源：数量少，怒江仅在 8 月之后能够采集到。

分布：分布于怒江保山市隆阳区东风桥水域。

物种濒危等级：无危。

半刺结鱼 *Tor hemispinus* Chen et Chu, 1985

别名：六库结鱼。

英文名称：Mahseer。

地方名：无。

分类地位：鲤形目Cypriniformes、鲤科Cyprinidae、鲃亚科Barbinae。

大小：全长116～182mm，体长86～153mm。

主要形态特征：体延长而侧扁。吻钝圆，鼻孔离眼较离吻端为近。眼侧上位，眼间隔宽。口下位，深弧形，下颌之间具一缢痕。下唇具锥形的中叶，两侧的唇后沟就在中叶的后缘相通。须2对，吻须与口角须几乎等长，末端达眼中央的垂直线。口角须超过眼后缘的垂直线。鳃膜在前鳃盖骨后缘的垂直线上连于鳃峡，其间距小于眼径。背鳍末端不分枝鳍条具一半以上分节柔软，仅前部骨化而较硬。臀鳍几达尾鳍基且其起点与尾鳍基的间距小于与腹鳍起点的间距。腹鳍末端不达肛门，相距2枚鳞片。肛门紧靠臀鳍起点。胸鳍末端尖，距腹鳍起点1枚鳞片。尾鳍深分叉，末端尖。鳞片大，在腹鳍基具1枚发达的腋鳞，背鳍和臀鳍基部均具鳞鞘。侧线略下弯，向后入尾柄的正中。鳔2室，前室膨大，后室细长。腹膜茶褐色。

颜色：胸鳍、腹鳍、臀鳍略带浅红色，体色灰白，体侧上方各鳞囊基部具黑色斑点。

生物学特性：小型鱼类，生活在干流及支流水潭、洄水处。

资源：濒危种，自1985年发表之后很难采集到此种鱼，本次仅在2007年5月采集到1尾。

分布：分布于怒江六库镇水域以及龙陵县绿根河。

物种濒危等级：濒危。

⑪ 后背鲈鲤 *Percocypris pingi retrodorslis* **Cui & Chu, 1990**

别名：无。

英文名称：Perch barbel。

地方名：花鱼。

分类地位：鲤形目 Cypriniformes、鲤科 Cyprinidae、鲃亚科 Barbinae。

大小：全长 111～578mm，体长 92～495mm。

主要形态特征：体延长，侧扁。头较大，背面向前平斜。吻褶沟深。吻皮在前眶骨前缘，吻须基部无显著的凹缺。口上位。上下唇较厚。须 2 对，吻须伸达眼前缘的垂直下方，口角须伸达眼后缘的垂直下方。眼大，侧位偏上。鳃盖膜约在眼后缘至前鳃盖骨后缘中点的垂直下方，与鳃峡相连。鳃峡甚窄。背鳍外缘平截微凹，末根不分枝鳍条只基部变硬，后缘具细齿；顶端一半柔软分节，后缘光滑。背鳍起点位于腹鳍起点后上方，与尾鳍基的间距小于或等于与眼后缘的间距。臀鳍起点紧接肛门之后，与腹鳍起点的间距约等于与尾鳍基的间距。胸鳍长略大于眼后头长。腹鳍末端至臀鳍起点的距离小于吻长。尾鳍叉形。鳞片较小。腹鳍基外侧具狭长腋鳞。背鳍及臀鳍基部具鳞鞘。侧线完全，前段略下弯，向后延伸于尾柄中轴。鳃耙短小，排列稀疏。下咽齿尖而钩曲。

颜色：新鲜标本成体黄铜色，沿侧线具 1 条浅黑色斑点形成的宽带纹，自鳃盖后缘延至尾鳍基部。各鳍黄铜色。较小个体银白色，沿侧线有一浅带纹，带纹末端尾鳍基部黑色斑点显著较大。甲醛浸泡后的标本沿侧线带纹明显。

生物学特性：以底栖无脊椎动物、鱼类为食。

资源：数量极少。

分布：分布于怒江下游干流及支流河口附近，还分布于澜沧江水系。

物种濒危等级：易危。

保护措施：以就地保护为主。

⑫ 伍氏孟加拉鲮 *Sinilabeo wui* (Zheng & Chen, 1983)

别名：伍氏华鲮，伍氏盆唇华鲮。

英文名称：无。

地方名：青鱼。

分类地位：鲤形目 Cypriniformes、鲤科 Cyprinidae、野鲮亚科 Labeoninae。

大小：体长174～305mm。

主要形态特征：体较长，背缘和腹缘略隆起。头较小，高略小于宽。吻圆钝，向前突出，吻端具较大颗粒状珠星。吻皮边缘光滑。上唇近口角处披细小乳突。下唇较薄，内面及前缘具细密乳突。口下位，呈深弧形。左右唇后沟相通。颏沟1对，较短，前深后浅。下颌发达，边缘具角质薄锋。须2对。眼中等大，侧上位。鳃膜在前鳃盖骨后缘垂直下方与鳃峡相连。背鳍无硬刺，外缘略内凹。背鳍起点位于腹鳍起点的前上方。腹鳍位于背鳍第3根分枝鳍条基部下方，后伸不达肛门，起点距尾鳍基比距吻端为近。尾鳍深分叉，上下叶等长。鳞中等大。背鳍前鳞排列不规则。腹鳍基具长形腋鳞。侧线平直入尾柄的正中线。肛门与臀鳍起点间隔3枚鳞片。

颜色：头背灰黑色，体侧鳞片基部具新月形黑色斑点，腹部灰白色。各鳍灰黑色。

生物学特性：喜居清水河流，刮食周丛生物。产地偶见经济鱼，产量不多。

资源：怒江干流新分布记录种，数量稀少。

分布：分布于怒江下游龙陵县勐糯镇龙镇桥水域，还分布于西洋江。

物种濒危等级：数据缺乏。

⑬ 角鱼 *Epalzeorhynchus bicornis* Wu, 1977

别名：无。

英文名称：Bihorned bard。

地方名：红眼鱼。

分类地位：鲤形目Cypriniformes、鲤科Cyprinidae、野鲮亚科Labeoninae。

大小：全长117～206mm，体长89～151mm。

主要形态特征：体细长，前段略呈圆筒状，后段侧扁。背缘和腹缘均较平直。吻端圆钝，向前突出，吻端前侧角具一游离肉质瓣。鼻孔离眼较离吻端为近，周围具白色小珠星，疏密不一。口下位，横裂。吻皮向腹面扩展，边缘开裂成流苏，盖住口裂。上唇消失。上下颌前缘成薄锋。下唇与下颌之间具一深沟。颏沟1对，前深后浅。唇后沟很短，限于系带节的后方、颏沟之外侧。吻侧沟短，不达口角。须2对。背鳍起点距腹鳍起点近。胸鳍大，以第4根鳍条为最长，外缘稍凹。臀鳍几达尾鳍基，起点距尾鳍基比距腹鳍起点为近。腹鳍末端超过肛门，距臀鳍起点比距胸鳍起点为近。尾鳍叉形，末端尖，上叶略长于下叶。腹鳍基具1枚发达腋鳞，侧线平直入尾柄的正中。肛门约位腹鳍基至臀鳍起点的中点或偏后。

颜色：背部与体侧青黑色，具云斑。腹部灰白色。背鳍上部和臀鳍中部灰黑色，尾鳍下缘黑色，其余各鳍浅灰色。

生物学特性：栖息于清水江河，底栖，刮食周丛生物。雌雄性比为1：1。繁殖季节为5月，在涨水后岸边石块之间繁殖产卵。

资源：下游常见种。但因个体不大，一般渔民不愿捕捞，因此在过去捕获数量不大。近年因捕捞技术的发展，成为六库镇下游主要渔获物之一。

分布：分布于怒江水系六库镇以下江段干流。

物种濒危等级：易危。

保护措施：以就地保护为主。

⑭ **东方墨头鱼** *Garra orientalis* Nichols, 1925

别名：无。

英文名称：Oriental sucking barb。

地方名：齐鼻子、癞鼻子鱼。

分类地位：鲤形目 Cypriniformes、鲤科 Cyprinidae、野鲮亚科 Labeoninae。

大小：全长 73 ~ 206mm，体长 57 ~ 167mm。

主要形态特征：体粗短，略呈圆筒形，背鳍基以后明显侧扁。胸腹面近平坦。吻部形态特异，具粗粒状锥突，锥突的大小不一。眼侧上位，位于头的后半部。眼间隔略鼓起。口下位。上下颌均具发达的角质切缘。鳃孔伸至头的腹面，在眼后端的垂直下方与鳃峡相连。须 2 对，均不发达。背鳍无硬刺，起点位于腹鳍的前上方。臀鳍末端不达尾鳍基，外缘平截或略凹。胸鳍平展，起点紧靠鳃孔，前 5 ~ 6 根鳍条腹面的皮肤增厚。尾鳍叉形。侧线完全，平直，延入尾柄正中。

颜色：全身青黑色，腹部淡白色，胸、腹鳍橘红色或黄色。基部为浅灰色，顶端为棕褐色，色比鲜明。体侧后半部具平行的 5 ~ 6 块黑色斑块，幼鱼尤为明显。

生物学特性：常见经济鱼类，但产量不多。底栖鱼类，生活于江河激流，吸附在岩石上，刮食附生在岩石表面的周丛生物。产卵于洪水期，生长较慢。

资源：怒江下游常见种类，但数量不多。

分布：分布于怒江芒宽彝族傣族乡到木城乡干支流，还分布于元江、龙川江、大盈江等水域。

物种濒危等级：无危。

⑮ 墨头鱼 *Garra pingi pingi* (Tchang, 1929)

别名：东坡鱼。

英文名称：Beardless sucking bard。

地方名：无。

分类地位：鲤形目Cypriniformes、鲤科Cyprinidae、野鲮亚科Labeoninae。

大小：体长可达220mm。

主要形态特征：体长，前部略呈圆筒形，尾部侧扁。头部宽而平扁，略呈方形。吻钝，前端具角质突起；口大，下位，呈新月形，无须。上唇吻皮包向腹面，其边缘分裂呈栉状，下唇宽大，似椭圆形吸盘，中央具一肉质垫，周缘游离，上具小型乳状突起，其前缘与肉质垫之间具一深沟相隔。鳞中等大，腹鳍前腹面的鳞片埋于皮下；背鳍无硬刺，边缘凹形。

颜色：体褐色，背部深，腹部灰白，鳍呈灰黑色，体侧鳞的基部具1块黑斑，在体侧连成数条黑褐色条纹。

生物学特性：底栖鱼类，栖息在水流湍急、水底多岩石的环境，常以肉质的吸盘吸附在水底石块上。以着生藻类、植物碎屑以及沉积在岩石表面上的有机物等为食，有时也食少量水生昆虫幼虫。

繁殖习性：成熟较迟，一般长至3～4冬龄始达性成熟。生殖期在5—6月，于流水中产卵。

资源：在怒江数量稀少。

分布：分布于怒江东河支流。

物种濒危等级：受关注。

保护措施：以防止东河水体污染为主。

16 云南野鲮 *Labeo yunnanensis* Chaudhuri, 1911

别名：无。

英文名称：无。

地方名：红尾子。

分类地位：鲤形目 Cypriniformes、鲤科 Cyprinidae、野鲮亚科 Labeoninae。

大小：体长可达530mm，体重可超过3880g。

主要形态特征：腹鳍后缘伸达肛门；臀鳍超过尾鳍基部；背鳍内凹，吻圆钝，吻皮下盖；唇后沟中断形成二侧瓣；体侧扁，稍高，体背部稍隆起，腹部圆。吻圆钝，向前突出。吻皮下垂，仅盖住上唇中部，不向侧面延伸和腹面扩展，其边缘光滑。吻皮与上唇分离，上唇颇厚，边缘具细小缺刻，在口角处与下唇相连。上颌与上唇分离，位于上唇的内向。下唇内缘具1排紧密连接的乳头状突起。下唇以1条深沟与下颌分离，唇后沟在颏部中断，无纵向的颏沟。口下位，呈弧形。上下颌具角质薄锋。无须。鳞片中等大，胸腹部及背部中线鳞片小。

颜色：各鳍暗红色。体色青灰色，各鳞囊基部略带红色。

生物学特性：喜居清水江河，刮食周丛生物，个体较大，为产地偶见种。

资源：个体较大，是春末夏初时节怒江下游重点捕获对象，但种群数量很小。

分布：分布于怒江下游龙陵县勐糯镇勐波罗河江段。

物种濒危等级：易危。

保护措施：以就地保护为主。

缺须盆唇鱼 *Placocheilus cryptonemus* **Cui et Li, 1984**

别名：无。

英文名称：Barbless discbarb。

地方名：油鱼。

分类地位：鲤形目Cypriniformes、鲤科Cyprinidae、野鲮亚科Labeoninae。

大小：全长64～275mm，体长50～212mm。

主要形态特征：体近筒形，尾部略侧扁，腹面扁平。吻圆钝。吻端无珠星。吻皮边缘布满微细乳突并分裂成流苏。下唇宽阔，形成一圆形吸盘，后缘薄而游离，中央隆起，为一轮廓不清的肉质垫，缺乏马蹄形隆起皮褶，其前缘变厚，成1条横向突直，前缘与下颌之间以及后缘与肉质垫之间均具一浅沟相隔。吻皮止于口角，不与下唇相连，与下唇的侧叶具一缺刻相间。无须。眼小、上侧位，眼前隔微隆起。背鳍无硬刺，起点在腹鳍起点的前上方。臀鳍距尾鳍基大于距腹鳍起点，后伸不达尾鳍基。腹鳍末端超过肛门，距臀鳍比距胸鳍为近。胸鳍末端钝，远不达腹鳍。尾鳍分叉，末端稍钝圆。侧线平直，向后延伸于尾柄正中。尾鳍无条纹。

颜色：浸制标本背部及两侧灰黑色。奇鳍灰色，偶鳍背面灰色，腹面浅黄色。

生物学特性：小型鱼类，喜居于清水小河，伏居岩石间隙，刮食岩石表面的硅藻和摇蚊幼虫，镜检肠道内容物有摇蚊幼虫、硅藻及丝状藻等，以硅藻为主。繁殖季节为5月，卵黄色，卵径大，怀卵量小，22～313粒，成熟卵达3.0mm。最小性成熟雌性个体体长68mm，全长79mm。

资源：怒江中下游常见种，因个体小，经济意义不大。

分布：云南省特有种，仅分布于怒江水系，为珍稀种。

物种濒危等级：无危。

⑱ 贡山裂腹鱼 *Schizothorax gongshanensis* Tsao, 1964

别名：澜沧江弓鱼。

英文名称：Gongshan schizothoracin。

地方名：无。

分类地位：鲤形目 Cypriniformes、鲤科 Cyprinidae、裂腹鱼亚科 Schizothoracinae。

大小：全长122～335mm，体长95～270mm。

主要形态特征：体延长，侧扁或略侧扁，背、腹缘均隆起，腹部圆。吻钝圆。口下位或次下位，马蹄形或弧形；下颌外部无角质部分，内侧具薄角质；下唇不发达，分左右两叶，表面无乳突，两叶前部不联汇，无中间叶；唇后沟中断。须2对，均发达，约等长。背鳍末根不分枝鳍条为硬刺，后缘具锯齿；背鳍起点约与腹鳍起点相对或略前，位于体之中点。臀鳍后伸几达尾鳍下缘基部。尾鳍叉形，叶端尖或略钝圆。身体背面及侧面被细鳞，胸及腹面裸露无鳞，仅腹鳍起点处具稀少鳞片。腹鳍基外侧各具1枚很小的腋鳞。肛门—臀鳍基两侧各具1列大型臀鳞（19～27枚）。侧线完全，近直或在背鳍前的体侧略下曲。肛门紧靠臀鳍起点。

颜色：体背侧蓝灰色，大多散布不规则黑斑；腹侧银白色。

生物学特性：怒江傈僳族自治州福贡县到贡山独龙族怒族自治县江段繁殖季节4—5月，雄性吻端具发达追星。

资源：数量少，经济价值高。

分布：分布于从怒江中上游西藏自治区东坝乡到云南省怒江傈僳族自治州福贡县江段干支流。分布区狭小，数量较少，为珍稀种。

物种濒危等级：易危。

保护措施：以就地保护为主。

⑲ 怒江裂腹鱼 *Schizothorax nukiangensis* Tsao, 1964

别名：怒江弓鱼。

英文名称：Nujiang schizothoracin。

地方名：江鱼。

分类地位：鲤形目 Cypriniformes、鲤科 Cyprinidae、裂腹鱼亚科 Schizothoracinae。

大小：全长168～600mm，体长135～480mm。

主要形态特征：体延长，侧扁或略侧扁，背、腹缘均隆起，腹部圆。吻钝圆。鼻孔距眼前缘较距吻端为近。口下位，横裂。下颌前部具狭长月牙形角质部分，前缘锐利，弧形或近横直。下唇发达，下唇于下颌角质部分之后呈一连续横带，表面密集乳突，唇后沟连续。须2对，约等长。背鳍末根不分枝鳍条下段为硬刺，后缘具10～20枚锯齿(小型个体刺强，锯齿完整；大型个体仅基部为硬刺，锯齿细弱)；背鳍起点位于腹鳍起点的直上方或稍前。臀鳍后伸几达尾鳍下缘的基部。尾鳍叉形，末端略尖。身体背部及侧部被细鳞，胸及前腹面裸露无鳞，自胸鳍末端或更后的腹面具鳞片。腹鳍基外侧各具1枚明显腋鳞。肛门一臀鳍基两侧各具1列大型臀鳍（约23枚）。侧线完全，近直或于身体中部微下曲。

颜色：身体背部蓝灰色或青蓝色，腹侧银白色，各鳍皆橙黄色，个别标本体背侧散布不规则深色斑点。

生物学特性：杂食性鱼类，食物种类是藻类（硅藻、蓝藻、绿藻等）、水生昆虫、摇蚊幼虫、枝角类、水蚯蚓、有机碎屑、螺类等。食物组成中以硅藻、绿藻、蓝藻和水生昆虫的出现率最高，摇蚊幼虫、枝角类、水蚯蚓次之。

繁殖习性：不详。

资源：怒江中游、上游主要经济鱼类，常捕个体500g左右，偶见6～7kg个体。2～4龄段在种群年龄结构中占优势。

分布：分布于怒江上游西藏自治区比如县到下游云南省龙陵县三江口江段，但东风桥以下未发现成熟个体。

物种濒危等级：无危。

⑳ 保山裂腹鱼 *Schizothorax yunnanensis paoshanensis* Tsao, 1964

别名：保山弓鱼。

英文名称：Baoshan schizothoracin。

地方名：无。

分类地位：鲤形目 Cypriniformes、鲤科 Cyprinidae、裂腹鱼亚科 Schizothoracinae。

大小：全长156～388mm，体长125～321mm。

主要形态特征：体延长，侧扁或略侧扁，背腹缘隆起，腹部圆。吻钝圆或略尖。口下位或次下位，弧形或马蹄形；下颌外侧一般无角质，前缘一般不锐利，下唇不甚发达，在下颌两侧呈狭长的两叶，表面光滑无乳突，两叶前部不连接，唇后沟不连续。须2对，约等长或口角须稍长，其长度大于眼径。背鳍末根不分枝鳍条为硬刺，后缘锯齿8～15枚；背鳍起点位于腹鳍起点的直上方或略前，距吻端较尾鳍基为远，臀鳍后伸达或几达尾鳍下缘的基部。尾鳍叉形，叶端尖。身体背部及侧部被细鳞，胸及前腹面裸露无鳞，自胸鳍条末端以后的腹面具鳞片；腹鳍基外侧各具一腋鳞。肛门—臀鳍基两侧各具1列大型臀鳞（约23枚）。侧线完全，近直或在体中侧微下曲。

颜色：在清洁水体中，新鲜标本体铜黄色，布满黑色杂斑。浸制标本背侧黑灰色或深褐色，腹侧灰白色或略带橙红色。

生物学特性：以落水昆虫、底栖无脊椎动物、着生硅藻为食。繁殖季节为8月底至9月初。

资源：云南省特有中小型鱼类，以前曾是产地经济鱼类之一，由于保山市东河的人工改道以及人类其他经济活动的影响，目前极难得见，处于濒危状态，在龙王潭公园内作为珍稀鱼类加以保护。

分布：分布于怒江保山市东河、罗明河、烂渣河等支流。

物种濒危等级：濒危。

保护措施：以就地保护为主。

光唇裂腹鱼 *Schizothorax lissolabiatus* Tsao, 1964

别名：光唇弓鱼。

英文名称：无。

地方名：山白条。

分类地位：鲤形目Cypriniformes、鲤科Cyprinidae、裂腹鱼亚科Schizothoracinae。

大小：中型鱼类，全长120～560mm，体长95～460mm。

主要形态特征：体长，稍侧扁。头锥形，稍尖。口下位，横裂。下颌具锐利角质，下唇分两叶，无乳突，唇后沟中断。须2对，须长约等于眼径。体被细鳞，胸腹部裸露，侧线上鳞25～28。具臀鳞。背鳍刺较弱，后缘下侧具细齿，起点在腹鳍之前。

颜色：在清澈溪流中体色淡黄色，浑浊流水中灰白色。

生物学特性：底层鱼类，以藻类和有机碎屑为食。幼鱼在水流较缓的岸边摄食。

繁殖习性：繁殖季节5月中旬左右。

资源：资源萎缩，无明确产量。种群遗传结构丧失。

分布：分布于怒江下游支流芒宽河、丙贡河、万马河等。

物种濒危等级：无危。

保护措施：以就地保护为主。

㉒ 裸腹叶须鱼 *Ptychobarbus kaznakovi* Nikolsky, 1903

别名：裸腹重唇鱼。

英文名称：Bilobed lip schizothoracin。

地方名：花鱼。

分类地位：鲤形目Cypriniformes、鲤科Cyprinidae、裂腹鱼亚科Schizothoracinae。

大小：全长137～435mm，体长113～374mm。

主要形态特征：体修长，略呈圆筒状，体前部较粗壮，尾部渐细。头锥形，吻突出。口下位，深弧形或马蹄形。下颌无锐利角质前缘。唇发达，左、右下唇叶在前端连接。下唇表面多皱纹、无中间叶。唇后沟连续。口角附近具长须1对，末端达前鳃盖骨前缘。背鳍最后不分枝鳍条软，后缘无锯齿。腹鳍末端接近肛门，肛门紧靠臀鳍。臀鳍末端后伸不达尾鳍基部。体被细鳞，排列不甚整齐。胸鳍部裸露无鳞。臀鳍发达，自腹后部沿肛门两侧直达臀鳍基后部，每侧鳞片17～23。

颜色：身体背部肉黄色或灰褐色，且较均匀地散布不规则小型斑块，腹部灰白色。头背面、背鳍、胸鳍和尾鳍上具许多小黑点。

生物学特性：以底栖无脊椎动物以及植物种子等为食。繁殖季节为冰雪初融时期。

资源：数量多，为上游常见经济鱼类。

分布：分布于怒江上游干支流，还分布于澜沧江、金沙江上游干支流。

物种濒危等级：无危。

热裸裂尻鱼 *Schizopygopsis thermalis* **Herzenstein, 1891**

别名：温泉裸裂尻鱼。

英文名称：无。

地方名：土鱼。

分类地位：鲤形目 Cypriniformes、鲤科 Cyprinidae、裂腹鱼亚科 Schizothoracinae。

大小：全长86～405mm，体长68～351mm。

主要形态特征：头部额骨和顶骨持平，头骨走势在眼侧上方均匀下降或者在眼前稍陡地落向吻端。口裂端位于眼下缘的水平线之下。从背鳍起点至吻端稍小于至尾鳍痕迹鳍条的距离。多数较大个体背鳍刺不粗壮，基部缺少锯齿，具发育不完全细齿15枚，小个体刺较粗壮，具发育完全锯齿。腹鳍基前部具一些不明显鳞片，臀鳍前部鳞片彼此分离并在一定程度上变得不甚清楚。臀鳍最大高度不足眼径的1/2。鳃部皱褶相当发达或发达较弱，鳃耙无特殊性，边缘具向内侧弯曲的凹面。

颜色：体背灰白色，具较小的暗点，腹部银白色。体侧密布黑褐色斑点或斑块，背鳍及尾鳍呈浅褐色。

生物学特性：主要摄食硅藻类及少量水生昆虫。

资源：怒江上游重要经济鱼类，分布广数量多。

分布：分布于怒江上游干支流。

物种濒危等级：无危。

㉔ 鲫 *Carassius auratus* (Linnaeus, 1758)

别名：无。

英文名称：Crucian carp。

地方名：鲫壳、鲫鱼。

分类地位：鲤形目 Cypriniformes、鲤科 Cyprinidae、鲤亚科 Cyprininae。

大小：全长95～244mm，体长72～196mm。

主要形态特征：鲫体侧扁而高，腹部圆，头较小，吻钝，口端位，无须，下咽齿侧扁。背鳍和臀鳍均具一根粗壮且后缘具锯齿硬刺。鳞较大。

颜色：周身银灰色，背部深灰色，腹部灰白色。

生物学特性：栖息在水草丛生、流水缓慢的浅水河湾、湖汊、池塘中。杂食性鱼类，其动物性食物以枝角类昆虫、桡足类昆虫、苔藓虫、轮虫、淡水壳菜、蚬、摇蚊幼虫以及虾等为主；植物性食物以植物的碎屑为主，常见的还有硅藻类、丝状藻类、水草等。1冬龄时开始成熟。

资源：怒江下游支流、河湾数量较多。

分布：分布于怒江下游支流。

物种濒危等级：无危。

㉕ **拟鳗副鳅** *Paracobitis anguillioides* **Zhu & Wang, 1985**

别名：无。

英文名称：无。

地方名：大花筒鱼。

分类地位：鲤形目Cypriniformes、鳅科Cobitidae、条鳅亚科Noemacheilinae。

大小：全长120.2～150.4mm，体长104.9～134mm。

主要形态特征：头平扁，体延长，前躯近圆筒形，向后逐渐侧扁。前躯鳞片密集，胸鳍基部之后的腹部具小鳞片。须3对。尾柄上下具软鳍褶。腹鳍起点与背鳍第1、第2根不分枝鳍条相对。尾鳍圆形。鳔前室位于骨质囊鳔内，后室退化。体侧具18～25条不规则黑色横纹。尾鳍基部具1块黑色横斑。

颜色：黄色或肉红色，尾鳍红色，背鳍具1条黑色斑纹。头部具不规则黑色小斑块。

生物学特性：生活于砂石底质的流水或缓流、静水水体，以底栖昆虫幼虫等无脊椎动物为食。

繁殖习性：不详。

资源：仅分布在怒江少数支流，个体大，所受捕捞压力大。怒江资源量不足500kg。

分布：分布于怒江下游支流永康河、万马河等，还分布于澜沧江水系。

物种濒危等级：濒危。

㉖ **长南鳅** *Schistura longus* (Zhu, 1982)

别名：长条鳅。

英文名称：Long loach。

地方名：无。

分类地位：鲤形目Cypriniformes、鳅科Cobitidae、条鳅亚科Noemacheilinae。

大小：体长50～70mm。

主要形态特征：体细长，背鳍前略侧扁，背鳍后渐侧扁。腹缘轮廓线较平，腹部圆。头较小，略侧扁。吻略尖，吻长小于或等于眼后头长。眼小。雄性眼前缘无瓣状突起。眼间隔较宽，稍隆起。口下位，口裂较小，明显小于鳃峡宽。上下唇较厚，唇面具明显的皱褶。上唇中央具1个浅缺刻。下唇前缘游离，中央具1个浅缺刻。上颌中央具1颗齿状突起，下颌匙状。须3对，中等长。背鳍起点距吻端等于或略大于距尾鳍基，末根不分枝鳍条短于第1根分枝鳍条，鳍条末端接近或达到肛门的垂直线。臀鳍起点距腹鳍起点约与背鳍第1根分枝鳍条相对，距胸鳍起点小于或等于距臀鳍后端，鳍条末端接近或伸达肛门起点。尾鳍深凹，末端钝圆。背部前半部裸露无鳞，后段具较细密鳞片，胸、腹部裸露无鳞，其余体被细密鳞片。侧线完全，沿体中轴伸达尾鳍基。

颜色：浸制标本基色浅黄色，体侧具褐色横斑13～18条，背鳍前横斑纹紧密，背鳍后较宽疏，小型个体在背鳍前中线具3～4个大横斑，随个体的长大，横斑渐趋浅淡。背鳍和尾鳍分别具斑纹1条和2条。其余各鳍无斑纹。

生物学特性：以底栖无脊椎动物为食，繁殖时间5月初。

资源：怒江中下游常见鱼类，数量多，但由于个体小，故经济价值低。

分布：分布于怒江中下游干支流。

物种濒危等级：无危。

横纹南鳅 *Schistura fasciolatus* **(Nichols & Pope, 1927)**

别名：横纹条鳅。

英文名称：无。

地方名：花筒鱼。

分类地位：鲤形目 Cypriniformes、鳅科 Cobitidae、条鳅亚科 Noemacheilinae。

大小：全长 53 ~ 94.8mm，体长 44.3 ~ 81.8mm。

主要形态特征：体前部稍圆，向后渐侧扁。颊部微鼓。口下位，弧形，上颌中部具齿状突，与下颌缺刻相对。须3对。鳞小，侧线完全。背鳍起点位于腹鳍后方。尾鳍微凹。体侧具9 ~ 16条明显横斑。

颜色：体肉黄色，横斑黑色。尾鳍上部红色，胸鳍、腹鳍、尾鳍略带黄色。

生物学特性：底层小型鱼类。多栖息于砾石缝隙中。以底栖无脊椎动物为食。

繁殖习性：不详。

资源：怒江数量极其稀少，在其他流域中分布较多。

分布：分布于怒江东河支流。

物种濒危等级：无危。

㉘ 密纹南鳅 *Schistura vinciguerrae* (Hora, 1935)

别名：密纹条鳅。

英文名称：无。

地方名：无。

分类地位：鲤形目 Cypriniformes、鳅科 Cobitidae、条鳅亚科 Noemacheilinae。

大小：全长 55.8～88.7mm，体长 47.2～76mm。

主要形态特征：体细，较长，略侧扁。头较小，略平扁。眼小。雄性眼前缘无瓣状突起。眼间隔较宽平。颊部略膨起。口下位，较大，呈弧形。上下唇较厚，唇面具明显皱褶。上唇中央具一浅缺刻，下唇前缘游离，中央具一缺刻，缺刻之后具稍浅中央颏沟。上颌中央具"一齿六突"，下颌匙状，中央无须刻。须3对，中等长。背鳍起点距吻端略大于距尾鳍基，鳍条末端接近肛门起点的垂直线。臀鳍起点距腹鳍起点明显大于距尾鳍基，鳍条末端不达尾鳍基。胸鳍外缘略圆。尾鳍深凹入，末端较尖。背鳍起点前的体背完全裸露或仅背鳍起点处具零散鳞片，胸、腹部裸露无鳞，其余体被细鳞片。侧线完全，沿体侧中轴伸达尾鳍基。

颜色：新鲜标本体基色浅黄色，体侧具18～34块黑色横斑，前段横斑较紧密，向后渐较宽疏。尾鳍基部具一黑色横斑。背鳍和臀鳍具一黑色横斑，尾鳍红色，具黑色杂斑。背部在背鳍前具3～4条褐色横条，横条之间为更宽的近椭圆形黄斑。尾鳍基部具一黑色横斑，背鳍和臀鳍各具暗色条纹1条。

资源：怒江中下游常见鱼类，数量多，但由于个体小，经济价值低。

分布：分布于怒江中下游干支流，还分布于伊洛瓦底江支流。

物种濒危等级：无危。

㉙ 分纹南鳅 *Schistura disparizona* (Zhou & Kottelat, 2005)

别名：无。

英文名称：无。

地方名：沙鳅。

分类地位：鲤形目Cypriniformes、鳅科Cobitidae、条鳅亚科Noemacheilinae。

大小：体长50～70mm。

主要形态特征：头扁平，身体侧扁，尾柄上下具明显软鳍褶。鳃盖到背鳍起点之间具7～12条排列紧密的细横纹，背鳍起点到尾柄的体侧具5条较宽横纹。背鳍上具1列较宽黑斑。

颜色：体基色浅黄色或肉红色，周身覆盖黑色横纹。

生物学特性：以底栖无脊椎动物为食，生活在干流急流中。

繁殖习性：不详。

资源：数量少，个体小，资源量不大。

分布：分布于怒江龙陵县碧寨以下干流。

物种濒危等级：未评估。

㉚ 异尾高原鳅 *Triplophysa stewartli* (Hora, 1922)

别名：刺突条鳅、刺突高原鳅、长鳍条鳅。

英文名称：无。

地方名：无。

分类地位：鲤形目Cypriniformes、鳅科Cobitidae、条鳅亚科Noemacheilinae。

大小：全长可达120mm，体长可达108mm。

主要形态特征：身体延长，前躯近圆筒形，尾柄低，前部稍圆，近尾鳍基部处侧扁。口下位，唇厚，上唇缘多乳头状突起，呈流苏状，下唇多深皱褶和乳头状突起，下颌匙状，一般不外露。须中等长。无鳞，皮肤布满小结节。侧线完全。鳔发达，后室长袋形，膜质，游离于腹腔中。肠短，体长为肠长的1.1～1.6倍。背鳍起点至吻端的距离约等于至尾鳍基的距离。腹鳍起点相对于背鳍第1或第2根分枝鳍条，或与背鳍起点相对。腹鳍末端伸达或超过肛门，甚至稍超过臀鳍基部起点。尾鳍后缘凹入，上叶长于下叶。

颜色：浸存标本本体浅棕或浅黄，背部较暗。背部在背鳍前后各具3～5块深褐色横斑，横斑的宽度一般宽于两横进之间的间隔，体侧具不规则的褐色斑点和斑块，通常沿侧线具1列深褐色斑块；各鳍均具褐色小斑点，其中以背、尾鳍最密。新鲜标本体浅肉红色，密布黑色不规则斑纹。背鳍、尾鳍各具2条黑色横纹带，其他各鳍具少量黑斑。

生物学特性：喜栖息于河流或湖泊浅水处的草丛或石砾间，主要在湖泊和河流的缓流河段活动。常以剑水蚤、肠盘蚤、摇蚊幼虫或底栖介形虫为食。6—7月为繁殖旺季。

资源：为小型底栖鱼类，经济价值不大，但数量相当多。

分布：分布于怒江上游那曲水域。还广泛分布于西藏自治区其他部分水域，如多庆湖、羊卓雍错、纳木错、昂拉仁错、色林错、班公湖以及狮泉河等。

物种濒危等级：无危。

㉛ **短尾高原鳅** *Triplophysa brevicauda* (Herzenstein, 1888)

别名：小眼高原鳅。

英文名称：无。

地方名：无。

分类地位：鲤形目Cypriniformes、鳅科Cobitidae、条鳅亚科Noemacheilinae。

大小：全长37～117mm，体长32～101mm。

主要形态特征：身体延长，前躯近圆筒形，背鳍后渐侧扁，尾柄较高，与尾鳍基几乎等高，尾柄起点处宽小于尾柄高。头稍扁平，其宽度大于高度，吻长约等于眼后头长，口下位，唇较厚、唇面具浅皱褶，下颌匙状。须中等长。无鳞，侧线完全、平直。鳔后室退化，仅留一很小的膜质室，肠短。雄性个体在眼前下方到上颌、眼下方主鳃盖骨前沿到口角上方具两团细密突起，胸鳍1～5根分枝鳍条上具明显刺突状突起。

生物学特性：喜栖息于河流流水滩处或浅缓流水或静水处，消化道食物主要为硅藻类及摇蚊幼虫。6—7月为繁殖季节。

资源：怒江上游常见种类，数量较多，个体不大。

分布：广布于怒江上游干支流。

物种濒危等级：无危。

㉜ 斯氏高原鳅 *Triplophysa stoliczkae* (Steindachner, 1866)

别名：球肠条鳅、背斑条鳅、高原条鳅、中亚条鳅、背斑高原鳅。

英文名称：Tibetan stone loach。

地方名：无。

分类地位：鲤形目Cypriniformes、鳅科Cobitidae、条鳅亚科Noemacheilinae。

大小：全长71～118mm，体长60～108mm。

主要形态特征：身体延长，前躯较宽，呈圆筒形，后躯侧扁。头部稍平扁，头宽大于头高。吻长通常与眼后头长相等，雄性的吻相对长些，可长于眼后头长。口下位。上唇缘具乳头状突起，整体呈流苏状，下唇薄而后移，边缘光滑，后部具短乳头状突起。下颌水平，边缘薄而锐利，上下颌均露出于唇外。须中等长。无鳞，皮肤光滑。侧线完全。背鳍背缘平直或微凹入。腹鳍基部起点与背鳍的基部起点或第1、第2根分枝鳍条基部相对，少数与背鳍基部的稍前位相对，末端伸达臀鳍基部起点。尾鳍后缘凹入，下叶稍长。鳔的后室退化为1个很小的膜质室。肠较长，自"U"形的胃发出向后，在胃的后方绕折成螺纹形。体长为肠长的1.8～2倍。

颜色：甲醛溶液浸存标本体基色腹部浅黄，背、侧部浅褐色。背部在背鳍前、后各具4～5块深褐色的宽横斑或鞍形斑，体侧具不规则斑纹和斑点。背、尾鳍多具褐色小斑点。

生物学特性：栖息在急流河段、浅滩的石砾缝隙中，以硅藻类植物和底栖动物为食，其中以植物性食料为主。

繁殖习性：不详。

资源：数量不多，经济价值低。

分布：分布于怒江安多县、八宿县水域以及支流冷曲河。

物种濒危等级：无危。

㉝ 东方高原鳅 *Triplophysa orientalis* (Herzenstein, 1888)

别名：东方条鳅。

英文名称：无。

地方名：无。

分类地位：鲤形目 Cypriniformes、鳅科 Cobitidae、条鳅亚科 Noemacheilinae。

大小：体长56～142mm。

主要形态特征：体延长，前躯较宽，近圆筒形。后躯侧扁。尾柄较高，至尾鳍方向尾柄的高度几乎不变。头部稍扁平，头宽大于头高。吻钝，吻长等于或短于眼后头长。口下位，口裂较宽。唇厚，上唇具皱褶，下唇面具乳头状突起和皱褶，下颌匙状，须中等长，无鳞，皮肤光滑，侧线完全。各鳍较短，背鳍背缘平直或稍外凸，呈浅弧形。腹鳍基部起点相对于背鳍基部起点或稍前，末端伸达肛门或稍过。尾鳍后缘微凹，两叶等长或上叶稍长。鳔的后室为发达的长筒形膜质室，游离于腹腔中，末端达胸鳍末端稍后和背鳍基部起点之间，或在鳔的中段有收缢。肠短，自"U"字形的胃发出向后，在胃的后方折向前，至胃的末端处在后折通肛门，绕折成"Z"字形。

颜色：甲醛溶液浸存标本，基色腹部浅黄色，背部浅褐色。背部在背鳍前、后各具4～5块深褐色鞍形斑或横斑，体侧多褐色斑点。背部、尾部和胸鳍的背面具很多小斑点。

生物学特性：栖息于河流、湖泊或池沼等水体的浅水处，主要以端足类昆虫为食，也摄食少量硅藻和其他水生昆虫。5—6月繁殖。

资源：怒江上游数量少。

分布：分布于怒江上游支流，还分布于西藏自治区的拉萨河，青海省柴达木盆地和甘肃省河西走廊的自流水体，四川省西部的长江、黄河干流及其附属水系等。

物种濒危等级：无危。

圆腹高原鳅 *Triplophysa rotundiventris* **(Wu & Chen, 1979)**

别名：圆腹条鳅。

英文名称：无。

地方名：无。

分类地位：鲤形目 Cypriniformes、鳅科 Cobitidae、条鳅亚科 Noemacheilinae。

大小：全长 58 ～ 106mm，体长 47 ～ 88mm。

主要形态特征：体延长，前躯近圆筒形，背部隆起，腹部平直。头小，头宽大于头高。吻尖，吻长小于或等于眼后头长。口下位，口裂弧形，唇较薄，上唇缘多乳头状突起，呈流苏状，下唇面多短乳头状突起。下颌铲状，边缘露出。须中等长。无鳞，皮肤光滑，侧线呈薄管状，完全或不完全，至后躯侧线孔渐疏。如不完全者，常止于臀鳍上方。各鳍较短，背鳍起点至吻端的距离稍长于至尾鳍的距离；胸鳍末端在胸、腹鳍两起点的中点稍后，腹鳍基部起点与背鳍第1或第2根分枝鳍条相对。尾鳍后缘微凹，上叶稍长。鳔的后室退化。肠管细长，体长是肠长的1.4 ～ 1.5倍。

颜色：背部浅褐色，腹部淡棕色，背部具8 ～ 9块深褐色黄斑或鞍形斑，两斑之间间距约等宽。体侧在腹鳍前具褐色小斑点，背、尾鳍多褐色斑点。

生物学特性：栖息于河流边缘浅水石砾处，主要食物是藻类植物。

资源：小型底栖鱼类，数量不多，经济价值不大。

分布：分布于怒江西藏自治区上游干支流，还分布于西藏自治区内流湖区的支流。

物种濒危等级：无危。

(35) 拟硬刺高原鳅 *Triplophysa pseudoscleroptera* (Zhu et Wu, 1981)

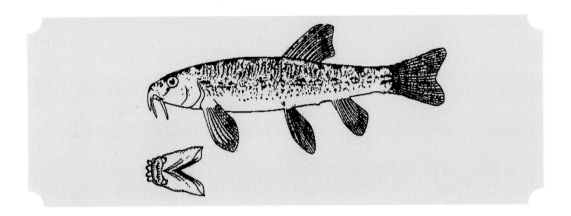

别名：拟硬刺条鳅。

英文名称：无。

地方名：无。

分类地位：鲤形目Cypriniformes、鳅科Cobitidae、条鳅亚科Noemacheilinae。

大小：全长71～125mm，体长58～107mm。

主要形态特征：体延长，前躯略呈圆筒形，后躯侧扁。头略平扁，口下位，上唇边缘具流苏状乳突，下唇表面多皱褶，下颌匙状，一般不露出。须3对。无鳞，皮肤光滑，侧线完全。背鳍起点至吻端的距离等于或长于至尾鳍基部的距离，背鳍最后1根不分枝鳍条自基部起向上至2/3处较粗硬。尾鳍后缘凹入，两叶等长或上叶稍长。鳔前室分为左、右两侧室，包于骨囊中，后室为长袋或长卵圆形的膜质室，游离于腹腔中，肠中等长，自"U"字形的胃发出向后，在胃的后方前折，至胃前端处再后折直通肛门。肠和胃的连接处无游离场盲突。

颜色：体基浅黄色，在背鳍前后各具4～6块褐色横斑，体侧具很多不规则的褐色扭曲条纹，沿侧线常具1列褐色斑块，背、尾鳍多褐色斑点。

生物学特性：以着生藻类植物和毛翅目沼蛾科昆虫等为食。

资源：底栖小型鱼类，分布区小，经济价值不大。

分布：分布于怒江西藏自治区上游水域，还分布于青海省、云南省、四川省西部的长江流域和甘肃省境内的黄河流域。

物种濒危等级：无危。

㊱ 细尾高原鳅 *Triplophysa stenura* (Herzenstein, 1988)

别名：无。

英文名称：无。

地方名：无。

分类地位：鲤形目 Cypriniformes、鳅科 Cobitidae、条鳅亚科 Noemacheilinae。

大小：全长68～180mm，体长58～153mm。

主要形态特征：体延长，呈圆筒形，仅在尾鳍基略侧扁。头大，略平扁。眼小。眼间隔宽平，明显大于眼径。口下位，浅弧形。唇厚，具较深的皱褶。下唇中央具一缺刻，缺刻中央具较浅中央颏沟。上颌弧形，下颌匙状，边缘不锐利。须3对，较长。尾柄细长，其起点处的宽约等于该处的高。背鳍起点距吻端等于或略大于距尾鳍基，外缘平，鳍条末端略超过臀鳍起点的垂直线或与之平齐。臀鳍起点距腹鳍起点明显小于距尾鳍基。肛门位置较后。尾鳍略凹。全身裸露无鳞。侧线完全。腹鳍黄色。次性征表现为雄鱼在眼前缘至口角具一隆起区，其上布满小刺突；胸鳍外侧5～6根鳍条背面具垫状隆起，其上也布满小刺突。

颜色：新鲜标本体暗黄色，布满黑色斑点。体背具6～10块较大横斑。尾鳍基部具一较大横斑。背鳍黑色横纹1条，尾鳍黑色横纹2条。浸制标本基色浅黄或淡白。沿侧线具10～14块近圆形斑。体背具6～10块宽横斑。背中线与侧线间的体侧具多而细小的按肌节分布的"V"字形斑。背鳍具斑纹1条，尾鳍具斑纹2条，其余各鳍无明显斑纹。

生物学特性：以藻类植物、摇蚊幼虫为食。

资源：个体小，数量大，经济意义不大。

分布：分布于怒江上游西藏自治区八宿县以及中游云南省怒江傈僳族自治州贡山独龙族怒族自治县、福贡县水域，还分布于金沙江和澜沧江的中上游水域。

物种濒危等级：无危。

怒江高原鳅 *Triplophysa nujiangensa* Chen, Cui & Yang, 2004

别名：无。

英文名称：无。

地方名：无。

分类地位：鲤形目 Cypriniformes、鳅科 Cobitidae、条鳅亚科 Noemacheilinae。

大小：体长可达 73mm。

主要形态特征： 体稍短，圆筒形，身体及尾柄侧扁，腹部平坦。头短圆，略平扁，头宽大于头高。吻部在鼻孔之前明显向下倾斜，吻长约等于眼后头长。前后鼻孔紧邻。眼大，侧上位。口下位，口角位于眼前缘下方。上下唇发达，表面具皱褶；下唇中央前缘略后退，中间断裂并形成1对纵向皱褶。上下颌露于唇外，上颌弧形，中间无齿状突起；下颌前缘平直，呈铲状，边缘锐利，中间无缺刻。须3对。背鳍条柔软，最长不分枝鳍条短于头长。臀鳍鳍条末端不及尾柄中点。胸鳍鳍条末端后伸稍过胸、腹鳍起点间距中点。腹鳍起点与背鳍起点相对，末端后伸不达肛门，距胸鳍起点的间距大于距臀鳍起点。腋部肉质鳍瓣退化，仅留残迹。臀鳍起点靠近肛门，两者间距小于眼径。尾鳍高度向尾鳍方向略降低，尾柄起点处的宽小于高；尾鳍内凹，下叶比上叶略长，末端略尖。全身无鳞，皮肤光滑。体侧侧线完全平直，止于尾柄基部稍前方。雄性颊部刺突区明显，长条形，较宽，略隆起，自眼中点下方延伸至外侧吻须基部，下缘与邻近皮肤分开；胸鳍条较硬，背侧具细小珠星；各须密布细小乳突。

颜色： 体基色肉黄色或米黄色，体侧具不规则斑纹。体背及体侧具不规则灰黑色斑纹，体背具7～8块不清晰横斑。体侧沿侧线分布明显纵向斑块，形成1条不明显灰黑色带，具细小斑点；背鳍条灰黑色，第1～3根分枝鳍条基部具1块不显著的斑块，鳍条中部和末端各具1列不显著黑斑；尾鳍基具1列不显著黑斑，鳍条中部和末端各具1列黑斑；胸、腹、臀鳍鳍条略带黑色。

生物学特性： 以固着藻类植物、摇蚊幼虫为食，繁殖季节为5月。

资源： 数量大，个体小，经济意义不大。

分布： 分布于怒江水系泸水市水域以及保山市隆阳区干流江段。

物种濒危等级： 无危。

㊳ 突吻沙鳅 *Botia rostrata* Günther, 1868

别名：无。

英文名称：无。

地方名：老鼠鱼。

分类地位：鲤形目 Cypriniformes、鳅科 Cobitidae、沙鳅亚科 Botiinae。

大小：全长163～187mm，体长124～141mm。

主要形态特征：体长，稍侧扁，头长明显大于体高，侧扁。吻较长，吻端突出。眼较大，侧上位，眼后头长远小于吻长，眼下刺分叉，后端几达眼后缘。眼间隔较宽，稍隆起。前后鼻孔紧靠。口下位，上唇边缘具斜向皱褶，侧端在口角须的内侧与下唇相连。颏部具颏须1对。上下2对吻须，上吻须略长于下吻须，约等长于口角须。口角须后伸达眼下刺基部垂直下方。背鳍起点距吻端大于距尾鳍基，外缘平截。臀鳍外缘平截，末端达尾鳍基，起点距尾鳍小于距腹鳍起点。肛门位于臀鳍起点至腹鳍起点间距的后1/3处。尾鳍深叉形，末端尖。身体被细鳞，颊部无鳞。侧线完全，平直。

颜色：新鲜标本体色肉黄色或浅黄色，体侧3～5条黑色垂直宽纹，吻部到眼前具1条窄黑带。尾鳍具3条斜向黑带，背鳍具1条黑带，各鳍肉黄色。浸制标本身体两侧具3～4条黑色垂直宽带，形状不定，带间具数块黑色大斑。头部具黑色斑纹。各鳍均具数块黑斑。

生物学特性：以水生无脊椎动物为食，繁殖季节4—5月。

资源：数量少，肉质差，经济意义不大。

分布：分布于怒江下游干流，还分布于伊洛瓦底江水系。

物种濒危等级：无危。

㊴ 赫氏似鳞头鳅 *Lepidocephalichthys hasselti* (Valenciennes, 1846)

别名：鳞头鳅。

英文名称：Hasselt's Loach。

地方名：沙鳅。

分类地位：鲤形目 Cypriniformes、鳅科 Cobitidae、花鳅亚科 Cobitinae。

大小：全长54～95mm，体长42～79mm。

主要形态特征：前鼻孔短管状，与后鼻孔紧邻。眼下刺分叉，后伸达眼球中部。头顶后部鳞片成间断分布，躯体被鳞。无侧线。

颜色：头部及体轴上方具较多不规则斑点。尾鳍上具4～7条不规则黑色弧形斑纹。尾鳍基部上侧具明显黑斑。雄性小个体体侧中轴具6～14块宽度略大于眼径的深色条斑，而雌性小个体具1条浅色细纹，大个体则具1列黑褐色斑点。色彩变化大，具一定观赏价值和经济价值。

生物学特性：生活于山溪、沟渠等砂石底质的缓流或静水水体。以水生昆虫幼虫等底栖无脊椎动物、少量藻类植物为食。雄性个体偶鳍较长，胸鳍前数根鳍条变宽变硬。

资源：个体小，数量少，怒江分布范围小。

分布：分布于怒江支流万马河，还分布于伊洛瓦底江水系。国外分布于东南亚地区水域。

物种濒危等级：无危。

40 泥鳅 *Misgurnus anguillicaudatus* (Cantor, 1842)

别名：无。

英文名称：Oriental weatherfish。

地方名：鱼鳅。

分类地位：鲤形目Cypriniformes、鳅科Cobitidae、花鳅亚科Cobitinae。

大小：全长72～188mm，体长61～169mm。

主要形态特征：体延长、前部略呈圆柱形，后部侧扁。头较尖。吻长小于眼后头长。眼小，眼间隔狭窄。前鼻孔呈短管状；后鼻孔紧位于后外侧，距眼较距吻端为近。口下位，呈马蹄形。上唇发达，内缘具皱褶。下唇分为两叶（或颊叶）。前吻须伸达后鼻孔垂直下方，后吻须达眼后缘垂直下方，口角须超过眼后缘，颊须 2 对。背鳍起点位于腹鳍垂直上方之前。臀鳍短，起点距尾鳍基较距腹鳍起点为远。胸鳍短，远离腹鳍。腹鳍起点距尾鳍基等于或大于距胸鳍起点。肛门距臀鳍起点较距腹鳍基为近。尾鳍呈圆形或略尖。身体被细鳞。侧线不完全，其长不超过胸鳍。尾柄上下缘均具明显皮褶，末端与尾鳍相连。

颜色：背部色深，腹部白色或浅黄色。体表具斑点或缺刻。尾鳍基上侧具1块黑斑。背鳍和尾鳍具不规则斑点。

生物学特性：喜栖息在缓流或静水底层，常钻入泥土中。能在缺氧的水体中生活。

资源：广泛分布于稻田、水沟、池塘以及小溪等浅水水域。个体小，有一定产量，且肉质细嫩，刺少，是常见食用鱼之一。某些地方用作药膳，有一定经济价值。

分布：分布于怒江上游那曲水域，怒江傈僳族自治州贡山独龙族怒族自治县、福贡县，保山市等水域，还分布于国内其他地区。

物种濒危等级：无危。

怒江间吸鳅 *Hemimyzon nujiangensis* (Zheng & Zhang, 1983)

别名：怒江爬鳅。

英文名称：无。

地方名：无。

分类地位：鲤形目 Cypriniformes、平鳍鳅科 Balitoridae、平鳍鳅亚科 Balitorinae。

大小：全长 90 ～ 97mm，体长 75 ～ 80mm。

主要形态特征：身体背缘浅弧形。腹面平坦，尾部稍侧扁。头部甚纵扁。吻端钝圆。眼小，侧上位，位于头的后半部。口下位，口裂呈弧形。唇具发达乳突，上唇乳突约 12 个，成单行排列；下唇乳突较小。上下唇在口角处相连。两颌外露。口前具吻沟和吻褶。吻沟深。吻褶分 3 叶，中叶较大，叶间具基部粗壮短须 2 对。口角须 1 对，较短小。鳃孔过胸鳍起点，扩至头部腹面。背鳍低，起点距吻端较距尾鳍基为近。臀鳍起点约在腹鳍基后端至尾鳍基的中点处。胸鳍起点约在眼中心的垂直下方。腹鳍起点位于背鳍起点的前下方或与之相对，鳍条后伸不达肛门。尾鳍浅分叉，下叶长于上叶，末端尖。鳞小，侧线完全，平直。胸腹部裸露区伸达腹鳍基后端稍后。

颜色：体基色浅黄色，横跨背中线具 7 ～ 9 块不明显棕黑色斑，体侧具不规则斑纹。偶鳍背面褐色，腹面淡黄。尾鳍具 2 条黑色横带，下缘黑色。

生物学特性：栖居于多石块的浅水河溪，吸附于岩石上。以底栖无脊椎动物为食。

资源：个体小、无食用价值，为偶见种。

分布：分布于怒江中下游干流以及支流枯柯河。

物种濒危等级：无危。

㊷ **云南鲥鲇** *Clupisoma yunnanensis* **(He & Huang, 1995)**

别名：云南刀鲇、怒江鲥鲇。

英文名称：无。

地方名：薄刀鱼、巴东鱼。

分类地位：鲇形目 Siluriformes、刀鲇科 Schilbidae。

大小：全长132～202mm，体长106～164mm。

主要形态特征：体延长且侧扁，胸鳍基部到肛门之间具腹棱，头部皮肤光滑且柔软，口小、端位，上下颌近等长；口裂远不达眼前缘垂直下方。鼻孔2对且距离较大。须4对；颌须长达腹鳍末端。绒毛状牙，在前颌骨呈星月形齿带。鳃孔大，鳃膜不与颊部相连，鳃耙稀疏而细长，呈杆状。侧线完全，沿中轴后伸，直到尾基部上翘。背鳍短，其起点位于腹鳍基部前上部，末根不分枝鳍条为硬刺，后缘具锯齿，腹鳍较胸鳍短，末端达臀鳍基部；臀鳍长；尾鳍深叉形，上下叶等长。肛门靠近臀鳍前方。鳔壁厚，侧扁且向前凹陷，埋于腹腔前端的背壁内，紧贴在脊柱腹面。

颜色：头部及体背深灰色，体侧及腹部银灰色。

生物学特性：喜居流水石底环境。主要以水生无脊椎动物、落水昆虫以及水中漂浮植物为食。不耐缺氧，出水即死。

资源：数量不大，鱼肉鲜嫩可口，是鱼肉爱好者餐桌上首选的美味佳肴。当地渔民使用刺网进行捕获。

分布：分布于怒江水系道街村到木城乡的干流江段，尤以碧寨以下为多。

物种濒危等级：濒危。

保护措施：以就地保护为主。

穴形纹胸鮡 *Glyptothorax cavia* **(Hamilton, 1822)**

别名：无。

英文名称：无。

地方名：无。

分类地位：鲇形目 Siluriformes、鮡科 Sisoridae。

大小：全长68 ~ 255mm，体长55.3 ~ 208mm。

主要形态特征：体延长，腹略圆凸。头大，极平扁。头前皮肤表面光滑或具不明显凹嵴。头后躯体圆筒形，向尾端渐侧扁，皮肤表面完全光滑。吻扁钝。眼小，背正位，略靠头后半部。口下位，口裂宽阔；下颌前缘圆弧形，前颌齿带异常宽大。口闭合时齿带前缘显露；齿尖细。须4对，位于鼻前后，伸长至约其基部眼前缘的2/3处；外侧颏须不达胸鳍起点；内侧颏须极短小，后伸不达胸吸着器。背鳍棘粗壮，后缘光滑，包被皮肤。脂鳍小，基长约为其起点至背鳍基后端1/2处，脂鳍后端游离。臀鳍起点与脂鳍起点相对。胸鳍长小于头长，其刺宽扁，被皮肤，后缘具6 ~ 11枚锯齿。腹鳍起点位于背鳍基后端垂直下方之后。尾鳍深分叉，上下叶等长，末端尖。侧线完全。胸吸着器纹路清晰完整，中央具1块圆形或椭圆形无纹深窝，后端具皮纹。

颜色：体背及体侧深灰色或浅棕黄色；腹面淡黄色。背鳍基骨处具1块浅黄色三角斑，较大的个体背面及侧面散布不规则黑色斑点。各鳍橘红色；背鳍中央具1块黑斑；臀鳍前缘末端具1块黑斑；胸鳍基部深灰色；腹鳍中央具1块浅黑斑；尾鳍中央具深黑色斑。胸吸着器肉红色，中央圆窝肉白色。

生物学特性：喜居流水石底环境。主要以水生昆虫为食。以蚯蚓为饵用钩钓捕捕获。

资源：在芒宽彝族傣族乡水域为捕捞鮡类主要品种。

分布：分布于怒江泸水市称杆乡到保山市龙陵县木城乡干流以及支流枯柯河、南定河、公养河。

物种濒危等级：无危。

④④ 亮背纹胸鲱 *Glyptothorax dorsalis* Vinciguerra, 1890

别名：无。

英文名称：无。

地方名：无。

分类地位：鲇形目Siluriformes、鲱科Sisoridae。

大小：全长86.5～130mm，体长67.5～107mm。

主要形态特征：体细长，背缘拱形，腹缘略圆凸。头部平扁，被薄皮肤，头后躯体略侧扁。吻扁尖。眼小，背侧位，位于头后半部。口下位，较小，横裂；下颌前缘横直；前颌齿带小，新月形，口闭合时齿带前部显露。须4对，鼻须短小；颌须伸达胸鳍基中部；外侧颏须不达胸鳍起点；内侧颏须达胸吸着器前缘。背鳍棘强，后缘具明显锯齿。脂鳍小，后端游离。臀鳍起点位于脂鳍起点的前下方，鳍条后伸达或略超过脂鳍后缘的垂直下方。胸鳍棘强，包被薄皮或裸出，后缘具12～13枚锯齿。尾鳍末端尖，深分叉，上下叶等长。偶鳍不分枝鳍条腹面无细纹皮褶。沿背中线髓棘膨大远端明显可见。皮肤被紧密且排列规整的纵向嵴突。侧线完全，沿侧线具1列整齐而明显的纵向嵴突。胸吸着器纹路清晰完整。

颜色：体基色橙黄色，背中线呈浅黄色明亮纵带，其两侧各具1条深绿色纵带，侧线呈略明亮细线。背鳍基骨表面具明亮马鞍状斑。各鳍淡黄色，胸鳍、背鳍基部具1块明显深灰色斑；尾鳍基部及中部具不均匀深灰色斑，其余各鳍或具灰色斑块。

生物学特性：喜居流水石底环境。主要以水生昆虫为食。

资源：个体小，无经济价值。

分布：分布于怒江水系六库镇至木城乡的干支流。

物种濒危等级：无危。

㊺ **扎那纹胸鳅** *Glyptothorax zainaensis* Wu, He & Chu, 1981

别名：无。

英文名称：无。

地方名：红鱼（贡山）。

分类地位：鲇形目 Siluriformes、鳅科 Sisoridae。

大小：全长71～116mm，体长58.5～97mm。

主要形态特征：体延长，背缘拱形，腹鳍前腹缘近直。头部平扁，向尾端逐渐侧扁。头小。吻扁钝或略尖。眼小，背侧位，位于头后半部。口下位，口裂小，横裂；前颌齿带新月形或两端微后弯，口闭合时齿带前部显露。须4对；鼻须后伸达眼中部，外侧颌须后伸超过胸鳍起点。鳃峡宽略大于两内侧颌须基部的间距。脂鳍小，基长为其起点至背鳍基后端距离的1/2，后端游离。臀鳍起点位于脂鳍起点稍前的下方。胸鳍长小于头长。尾鳍深分叉，中央最短鳍条长约为最长鳍条长的1/3，上下叶等长。偶鳍不分枝鳍条腹面无细纹皮褶。皮肤被疏密不等硬质珠星或齿突。侧线完全，沿侧线具1列排列整齐珠星。胸吸着器纹路清晰完整。

颜色：体基色黄色或深褐色，腹部淡黄色。背中线黄色，体侧呈略明亮的细线，背鳍基两侧各具1块明亮小斑，各鳍黄色，背鳍、臀鳍、胸鳍、腹鳍基部及中部各具1块深浅不等的灰色斑，尾鳍基部深灰色，向尾尖渐呈淡黄色。

生物学特性：生活于激流乱石中，主要摄食水生无脊椎动物，包括水生昆虫、铁线虫等。雌性卵巢黄绿色，繁殖期在5—6月，卵径约1mm。

资源：数量多，个体小，经济价值不大。

分布：分布于怒江水系西藏自治区昌都市到云南省保山市东风桥干支流，还分布于澜沧江水系。

物种濒危等级：无危。

㊻ 德钦纹胸鮡 *Glyptothorax deqinensis* Mo & Chu, 1986

别名：无。

英文名称：无。

地方名：红鱼。

分类地位：鲇形目 Siluriformes、鮡科 Sisoridae。

大小：全长60～113mm，体长48～91mm。

主要形态特征：背缘拱形，腹缘平直或略圆凸。头部楔形，横截面背阔；下颌前缘略圆凸；前颌齿带狭窄，两端后伸，口闭合时齿带前部显露。须4对，鼻须后伸超过眼后缘；颌须后伸超过胸鳍基；内侧颏须达胸吸着器中部，起点距吻端略较距脂鳍起点为近。背鳍棘后缘光滑。脂鳍小，后端游离，其基长小于背鳍与脂鳍间距。臀鳍起点位于脂鳍起点前下方，鳍条向后伸达脂鳍后缘的垂直下方。胸鳍长小于头长，其棘粗壮，包被皮肤，后缘具较稀疏粗长锯齿。腹鳍起点位于背鳍基后下方，距吻端较距尾鳍基为近，鳍条后伸达臀鳍起点。尾鳍深分叉，中央最短鳍条长约为最长鳍条长的1/2，上下叶约等长。偶鳍不分枝鳍条腹面无细纹皮褶。皮肤表面具大而排列稀疏嵴突，头背面嵴突具明显延长。侧线完全。胸吸着器发达，纹路清晰完整，后端开放。

颜色：体基色深褐色，腹部灰白色，背中线两侧颜色略深。各鳍肉黄色，基部深灰黑色。

生物学特性：喜居流水石底环境。主要以水生昆虫为食。

繁殖习性：繁殖季节5月。

资源：数量少，经济价值不大。

分布：分布于怒江水系怒江傈僳族自治州贡山独龙族怒族自治县到三江口江段，还分布于澜沧江上游水系。

物种濒危等级：无危。

三线纹胸鲱 *Glyptothorax trilineatus* **Blyth, 1860**

别名：无。

英文名称：Three-lined catfish。

地方名：无。

分类地位：鲇形目 Siluriformes、鲱科 Sisoridae。

大小：全长 40 ~ 109mm，体长 31 ~ 84.5mm。

主要形态特征：体延长，背缘拱形，腹缘略圆凸。头部平扁，头后身体侧扁。吻扁钝。眼小，背侧位，略位于头后半部。口下位，横裂；前颌齿带新月形，口闭合时齿带前部略显露。须 4 对，颌须后伸达胸鳍基后端；外侧颏须伸达胸鳍起点；内侧颏须伸达胸吸着器前部。背鳍棘软弱，后缘光滑或略粗糙。脂鳍较小，后端游离。臀鳍起点位于脂鳍起点的后下方。胸鳍长小于头长，后缘具锯齿。腹鳍起点位于背鳍基后端的垂直下方，距吻端较距尾鳍基为近。尾鳍深分叉，末端尖。偶鳍不分枝鳍条腹面无细纹皮褶。皮肤被细软珠星。侧线完全。胸吸着器纹路清晰完整，中部具 1 块狭长无纹区，后端开放。

颜色：体基色棕黑色，沿背中线及侧线各具 1 条明显的淡黄色宽纵带。臀鳍、腹鳍上方的体后腹侧具 1 条不太明显亮纵带。背鳍、胸鳍、尾鳍深灰色，边缘浅黄色。臀鳍、腹鳍浅黄色，基部深灰色。

生物学特性：生活于急流小支流或小河中。

资源：小型鱼类，无经济价值。

分布：分布于怒江下游绿根河、桃寨河、闷寨河、枯柯河等支流，还分布于伊洛瓦底江支流大盈江、龙川江。

物种濒危等级：无危。

保护措施：以就地保护为主。

⑱ 长鳍褶鮡 *Pseudecheneis longipectoralis* Zhou, Li & Yang, 2008

别名：无。

英文名称：Sucker throat catfish。

地方名：飞机鱼、胭脂嘴。

分类地位：鲇形目 Siluriformes、鮡科 Sisoridae。

大小：全长 79 ~ 274mm，体长 64 ~ 231mm。

主要形态特征：背鳍起点为身体最高点，背缘呈弧形隆起；背鳍之前腹面平坦，背鳍之后周身渐侧扁。头部纵扁，前端楔形。吻端圆。眼小，背位，位于头后半部。口较小，下位，横裂。前颌齿带狭，半圆形；下颌齿带新月形。上唇和下唇密布乳突。鼻须远不达眼前缘；外侧颏须较内侧颏须略长，后伸远不达吸着器前沿。鳃孔下伸略过胸鳍起点。背鳍无硬刺。脂鳍略呈三角形，起点与臀鳍起点近乎相对。臀鳍起点距尾鳍基较距腹鳍起点为远。胸鳍基略向后上方倾斜，水平分开（故称"飞机鱼"），外缘平直或微凹，鳍条后伸超过背鳍基后端垂直下方。腹鳍基略低于胸鳍基，平展，外缘平直或微凹，后伸达肛门。臀鳍起点紧位于肛门之后。尾鳍深分叉。尾柄细壮有力。体表具稀疏小型珠星。吸着器长大于宽，横褶 14 ~ 21 条。胸鳍第 1 根鳍条腹面的羽状皱褶仅限于前端部分，背面不甚清晰。腹鳍第 1 根鳍条的皱褶发达。复合椎体后端的髓棘二分叉，背鳍基骨恰好嵌于分叉中间。

颜色：口部及腹面呈肉红色，故俗称"胭脂嘴"。背部和体侧棕灰色，具黄色斑块，背鳍前 1 块，背鳍基后 1 块，脂鳍起点下方的体侧各 1 块，脂鳍后方正中 1 块，尾鳍基 1 块。背鳍、腹鳍、臀鳍、尾鳍中部具 1 条黄带，边缘黄色。侧线呈鲜黄色。

生物学特性：栖居中游河流支流或山间小溪，主要以水生无脊椎动物为食。

资源：数量少，经济意义不大。

分布：分布于怒江泸水市上江镇到保山市龙陵县木城乡的水域，还分布于伊洛瓦底江、澜沧江水系。

物种濒危等级：无危。

保护措施：以就地保护为主。

㊾ 短鳍鳅 *Pareuchiloglanis feae* (Vinciguerra, 1890)

别名：无。

英文名称：无。

地方名：扁头鱼。

分类地位：鲇形目 Siluriformes、鳅科 Sisoridae。

大小：全长95 ～ 204mm，体长83 ～ 179mm。

主要形态特征：背缘自吻端向后逐渐隆起，至背鳍为身体最高处，向后逐渐下斜；腹面平直，头较大，前端楔形。吻端圆。眼小，背位，距吻端较距鳃孔上角为远。口大，下位，横裂，闭合时前颌齿带部分显露。口周围密布小乳突。下唇两侧与颌须基膜之间隔以浅沟，使下唇外侧边缘半游离于基膜。侧线平直，不太明显。鼻须几达眼前缘，颌须末端略尖，几达鳃孔下角；外侧颊须不达胸鳍起点；内侧颊须更短。臀鳍起点距尾鳍基与至腹鳍基后端约相等。胸鳍末端不达腹鳍起点。腹鳍末端远不达肛门。肛门至臀鳍起点较至腹鳍基后端为近。尾鳍平截。胸部具小乳突，个体越大，乳突分布越密，范围越广。

颜色：周身灰黑色，腹部乳黄色。背鳍中央、脂鳍起点和末端、尾鳍中央各具1块界线不清黄斑。

生物学特性：生活在多石溪流中。

资源：数量少，经济意义不大。

分布：怒江仅记录于老窝河曾有发现，还分布于伊洛瓦底江水系。

物种濒危等级：易危。

保护措施：以就地保护为主。

50 扁头鮡 *Pareuchiloglanis kamengensis* (Jayaram, 1966)

别名：无。

英文名称：无。

地方名：扁头鱼。

分类地位：鲇形目 Siluriformes、鮡科 Sisoridae。

大小：全长67 ~ 223mm，体长58 ~ 198mm。

主要形态特征：背缘微隆起，腹面平直。头较大，前端楔形。吻扁而圆。眼小，背位。口大，下位，横裂。前颌齿带中央具明显缺刻。胸部密布乳突，个体越大，乳突越多，分布面越广。侧线平直，不太明显。鼻须几达眼前缘；颌须末端钝圆或略尖，几达或略超过胸鳍起点；外侧颏须伸达胸鳍起点；内侧颏须稍短。肛门距臀鳍起点较距腹鳍基后端为近。脂鳍后端不与尾鳍连接。尾鳍平截或微凹。

颜色：周身灰黑色，腹部乳黄色。背鳍中央、脂鳍起点和末端、尾鳍中央各具1块界线不清黄斑，偶鳍边缘略淡。

生物学特性：生活在多石且水流很急的主河道或者岩石底质的溪流。平时伏居石缝间隙，主食水生昆虫（如毛翅目、蜉蝣目及鞘翅目的幼虫）以及少量植物沉渣。胃检发现蚯蚓和蝌蚪的残体。养在水盆中，腹部紧贴盆壁，借偶鳍和身体左右移动，匍匐前进，可以"爬"出盆外。离水不会立即死亡。繁殖季节为5—6月，成熟雌性性腺黄色，卵粒大，直径达3.2mm，怀卵量少，225 ~ 918粒。雄性性腺呈分枝状，成熟性腺乳白色，布满较大血管。

资源：为产地食用鱼，经济价值较高，捕捞强度较大。

分布：分布于怒江上游西藏自治区八宿县以下到怒江中游干支流以及怒江下游支流，还分布于澜沧江、雅鲁藏布江等水系。国外分布于缅甸伊洛瓦底江等水系。

物种濒危等级：无危。

(51) 贡山鮡 *Pareuchiloglanis gongshanensis* Chu, 1981

别名： 无。

英文名称： 无。

地方名： 扁头鱼。

分类地位： 鲇形目 Siluriformes、鮡科 Sisoridae。

大小： 全长94 ～ 134mm，体长81 ～ 118mm。

主要形态特征： 背缘微隆起，腹面平直。背鳍前纵扁，向后逐渐侧扁。头平扁，前端楔形。吻端圆。眼小，背位，距吻端大于距鳃孔上角。口大，下位，横裂，口周围密布小乳突，闭合时前颌齿带部分显露。前颌齿带中央具明显缺刻。唇后沟不相连，止于内侧颌须基部。鼻须几达眼前缘；颌须末端钝圆或尖突，超过胸鳍起点，但不达鳃孔下角；外侧须几达胸鳍起点；内侧须稍短。脂鳍后端不与尾鳍连合。臀鳍起点距尾鳍基与至腹鳍基后端相等。胸鳍几达腹鳍起点。腹鳍末端不达肛门。肛门距臀鳍起点较距腹鳍基后端为近。尾鳍微凹。

颜色： 周身灰色，无黄色斑块；腹部灰白略带微黄。尾鳍黑色，中央具1块黄色斑块。

生物学特性： 生活于多石的水势湍急的主河道和溪流。主要摄食水生昆虫。

资源： 种群数量不大。

分布： 分布于怒江上游西藏自治区八宿县到怒江中游干支流。

物种濒危等级： 易危。

保护措施： 以就地保护为主。

52 长丝黑䱗 *Gagata dolichonema* He, 1996

别名：无。

英文名称：Bleak fin sisorid catfish。

地方名：龙王小姐。

分类地位：鲇形目 Siluriformes、䱗科 Sisoridae。

大小：全长140～142mm，体长112～113mm。

主要形态特征：体长形，侧扁，背腹缘弧度大致相等，腹部稍圆。头部侧扁，皮肤薄，枕骨后突轮廓明显。吻部圆钝，眼大，侧位，位于头部中央，被脂膜，眼缘界线模糊。鼻孔距吻端较距眼前缘稍近。口下位，较小，横裂，上下颌具绒毛状细齿。鼻须不发达，细线状；颌须伸达胸鳍起点；4根颏须基部呈"一"字排列，外侧颏须较长，达鳃孔下角，内侧颏须稍短。鳃峡光滑无突起。背鳍始于胸鳍基的后上方，硬刺无锯齿，光滑，末端延长成线状软条。脂鳍较小，后端游离，距胸鳍起点较距臀鳍起点为远。肛门与腹鳍基后端相近。

　　颜色：浸制标本，分别在二眼间、鳃孔、背鳍基部的上方、胸鳍基部的背面具4条黑色斑纹。

　　生物学特性：生活于干流缓水区，摄食底栖无脊椎动物。

　　资源：分布范围小，数量不多，观赏价值高，捕捞偶见种。

　　分布：仅分布于怒江水系道街村到木城乡的干流江段。

　　物种濒危等级：易危。

　　保护措施：以就地保护为主。

⑤³ 巨鲶 *Bagarius yarrelli* (Sykes, 1839)

别名：无。

英文名称：无。

地方名：老虎鱼、面瓜鱼、虎头鱼。

分类地位：鲶形目 Siluriformes、鲱科 Sisoridae。

大小：全长 165 ~ 226mm，体长 120 ~ 280mm。

主要形态特征：头和前躯粗大，纵扁；背缘自吻端向后逐渐隆起，至背鳍起点处最高；尾柄滚圆；腹面平直。头宽大，前端楔形。吻端圆。眼位头背面，呈椭圆形，眼缘不游离。鼻孔靠近吻端，后鼻孔呈短管，与前鼻孔之间有1层瓣膜相隔，膜端即为鼻须，鼻须短，仅达后鼻孔。齿尖锥形，齿尖斜向口腔内方。颌须发达，宽扁，后伸可达胸鳍基后端；颏须纤细，外侧颏须达眼后缘垂直下方，内侧颏须稍短。背鳍具一骨质硬刺，后缘光滑，末端柔软，延长成丝，起点距吻端大于距脂鳍起点。脂鳍短，起点距背鳍基后端较其后端距尾鳍基为远。臀鳍起点距尾鳍基较距胸鳍基后端为近。胸鳍水平展开，硬刺后缘带弱齿，刺端为延长的丝状软条，后伸可达腹鳍基后端。腹鳍起点位于背鳍后端垂直下方之后。肛门距臀鳍起点较距腹鳍基后端为近。臀鳍深分叉，上下叶末端延长成丝。头部背面及体表布满纵向嵴突，胸腹面光滑。上枕骨和背鳍基骨无嵴状棱起。

颜色：全身灰黄色，在背鳍基、脂鳍基以及尾鳍前上方各具1块黑色横斑。全身及各鳍具黑色小斑点。背鳍、臀鳍和尾鳍各具1条界线不明的斑纹。

生物学特性：生活于怒江主河道，常伏卧在流水滩觅食。食物以小鱼为主。性迟钝，贪食，可用拉网或沉钩捕获。4月底至5月从怒江下游上溯洄游觅食，10—11月向下洄游越冬。

资源：大型上等食用鱼类。肉呈黄色，产地主要食用鱼，较常见。怒江下游重要经济鱼类，产量大。当地渔民主要通过钩钓捕获。由于过度捕捞，目前已严重小型化，常见个体1.5g以下。

分布：分布于怒江水系保山市隆阳区芒宽彝族傣族乡以下干流，还分布于澜沧江、元江诸水系。

物种濒危等级：濒危。

保护措施：以就地保护为主。

54 短体拟鲿 *Pseudexostoma yunnanensis brachysoma* Chu, 1979

别名：无。

英文名称：无。

地方名：方头鱼、扁头鱼。

分类地位：鲇形目 Siluriformes、鲱科 Sisoridae。

大小：全长65 ~ 148mm，体长57 ~ 133mm。

主要形态特征：背缘拱形，背鳍起点处为身体最高点，向前、向后逐渐下弯；躯体前段略纵扁，后段略侧扁，腹面平直，自然状态时自吻端腹面至尾柄下缘均平贴同一平面。头较大，前端楔形。吻端扁而宽圆。眼小，背位，被皮膜。口下位，较大，横裂，闭合时前颌齿带分左右两块，互相紧靠。唇后沟相通。下唇发达而宽阔，后缘中央具3个缺刻，把下唇分为左右两叶及中央两叶。鼻须短，远不达眼前缘；颌须末端钝圆，几达鳃孔下角；两对颏须均短。鳃孔下位，下角与胸鳍第5 ~ 7根枝鳍条的基部相对。背鳍外缘微凸，起点在胸鳍末端垂直上方之前。脂鳍较低，基部较长，后端虽不与尾鳍连合，但界线不甚清楚。胸鳍末端超过腹鳍起点。腹鳍远不达肛门。尾鳍略凹。吻端腹缘及颌须腹面具羽状皱褶，与下唇联合形成身体的吸着中心。下唇两侧半游离，不与颌须基膜直接相连。侧线平直，不甚明显。

颜色：周身灰色，腹部略淡。尾鳍中央具1块轮廓不清的黄斑，偶鳍边缘灰黄。

生物学特性：平时栖息于石缝中或匍匐在石面上，利用其铲形齿刮铲附着生物进食，其中尤以各种硅藻为多，兼有少量摇蚊幼虫。5—6月繁殖，卵径较大，可达4mm。

资源：主要在怒江中游干支流，由于渔民捕捞力度大，导致资源量急剧下降。

分布：分布于怒江从怒江傈僳族自治州贡山独龙族怒族自治县到泸水市跃进桥的干支流江段。

物种濒危等级：易危。

保护措施：以就地保护为主。

55 藏鰋 *Exostoma labiatum* (McClelland, 1842)

别名： 无。

英文名称： Burmese bat catfish。

地方名： 上树鱼。

分类地位： 鲇形目 Siluriformes、鮡科 Sisoridae。

大小： 小型鱼类，全长50 ~ 98mm，体长41 ~ 82mm。

主要形态特征： 唇部结构特殊，下唇外翻，平贴颏部，唇后沟连续。齿冠中间具纵嵴。腹面平直，自然状态时自吻端腹面至尾柄下缘均平贴同一平面。头较大，前端楔形。吻端扁而宽圆。眼小，背位。口下位，较大，横裂。胸、腹鳍的第1根分枝鳍条侧面具羽状纹。

颜色： 体基色灰黄色，尾鳍中央具1块浅黄色斑块。

生物学特性： 小型鱼类，生活于较浅的砾石底质流水中。杂食性，主要以底栖水生昆虫幼虫和周丛生物为食。4—5月上溯到支流上游产卵，黏性卵。

资源： 资源萎缩，个体小，无明确产量。种群遗传结构丧失。

分布： 分布于怒江下游户南河等支流，还分布于伊洛瓦底江水系和雅鲁藏布江水系。

物种濒危等级： 无危。

保护措施： 以就地保护为主。

56 无斑异齿鰋 *Oreoglanis immaculatus* Kong, Chen & Yang, 2007

别名：无。

英文名称：无。

地方名：无。

分类地位：鲇形目Siluriformes、鮡科Sisoridae。

大小：全长67～115mm，体长57～103mm。

主要形态特征：头部扁平，背鳍后逐渐侧扁。腹面平直，自然状态时自吻端腹面至尾柄下缘均平贴于同一平面。头较大，前端楔形。吻端扁而宽圆。眼小，背位。口下位，横裂。前颌齿带不分离，尖锥形齿。下颌齿带分为2块，外侧齿铲状。下唇中央1个缺刻将下唇分为左右两侧叶，各侧叶又具1个浅缺刻。

颜色：背面暗黄色，腹面黄色。尾鳍基部具1块黄色斑块。

生物学特性：以底栖无脊椎动物为食，生活于砾石底的清洁溪流。

繁殖习性：不详。

资源：个体小，数量少，分布狭窄。

分布：分布于怒江下游支流。

物种濒危等级：易危。

(57) 宽额鳢 *Channa gachua* (Hamilton, 1822)

别名： 缘鳢、南鳢。

英文名称： 无。

地方名： 马鬃鱼、大头鱼。

分类地位： 鲈形目 Perciformes、鳢科 Channidae。

大小： 全长239 ～ 460mm，体长200 ～ 390mm。

主要形态特征： 头背宽平，前端楔形。吻钝圆，吻长较眼径略长。前后鼻孔分开，前鼻孔管状，较长，后鼻孔小，略呈缝状。眼较大，眼球鼓出。口大，端位或次上位，下颌较上颌稍突出。口裂前端约与眼中心水平线平齐，后伸过眼后缘垂直下方。鳃孔大，左右鳃盖膜彼此相连。背鳍起点与腹鳍起点相对或稍后，背鳍基部长，后端超过臀鳍基后端垂直线。臀鳍起点距吻端较距尾鳍基为远。胸鳍呈扇圆形，其起点位于鳃盖膜后缘下方，末端几达与臀鳍起点的中线。腹鳍短。肛门紧靠臀鳍起点。尾鳍圆形。周身被圆鳞。侧线自鳃孔上角向后延伸，至臀鳍起点前上方，下折1行鳞，入尾柄中线。

颜色： 体基色黑色或暗绿色，腹部灰黑色。奇鳍边缘暗红色或橙红色，其余部分浅黑色，部分个体的背鳍、尾鳍具灰白色条纹。胸鳍略带黄色，具黑色横纹数条，基部具1块蓝色斑块。

生物学特性： 常栖息于水流缓慢的河流及池塘。肉食性，主要摄食小型鱼类。适应性强，离水可长时间存活。

资源： 生长较慢，个体不大，肉味鲜美，为产地常见经济鱼类。

分布： 分布于怒江芒宽彝族傣族乡到木城乡支流，少数在干流中能捕获，还分布于大盈江和瑞丽江干支流，澜沧江干流及其支流威远江、勐库河、流沙河、南班河、南腊河等。

物种濒危等级： 无危。

58 黄鳝 *Monopterus albus* (Zuiew, 1793)

别名：无。

英文名称：Ricefield eel。

地方名：鳝鱼。

分类地位：合鳃鱼目Synbranchiformes、合鳃鱼科Synbranchidae。

大小：体长可达1000mm。

主要形态特征：体甚细长，蛇形，肛门前的躯体滚圆，向后渐侧扁，且渐尖细。头部膨大，自吻端向后隆起，头高大于体高。吻钝圆，较短。口次下位，上颌稍突出。口裂大而平直。鳃孔腹位，呈"Ｖ"字形裂缝；鳃孔上角约位口裂水平线。背鳍、臀鳍退化，仅留尾部上下缘的皮褶，与尾鳍相连。尾鳍小，末瑞尖。体裸露无鳞。侧线纵贯体侧中线。肛门约位体后１／４处。

颜色：体背部黄褐色或黄色，腹部乳黄色或灰白色。全身散布不规则黑色斑点。体色因生活环境的不同具较大差异。

生物学特性：栖于沟、塘、稻田等腐殖质多的水体中，在田埂、堤岸边钻穴生活。多在夜间觅食，肉食性，摄食蚯蚓、昆虫幼虫、鳍蚌、小蛙、小鱼和小虾等。鳃不发达，以口腔及喉腔的表皮辅助呼吸，能直接呼吸空气，故离水不易死亡。4—8月产卵，产卵前，亲鱼吐泡成巢，卵产其中，亲鱼具护巢习性。在个体发育过程中具性逆转现象，从幼鱼至性成熟时，生殖腺均为卵巢，产卵后，转化为精巢，即成雄性。

资源：适应性强，产量多，肉味鲜美，为群众所喜食。近年已有人工饲养。

分布：分布于怒江傈僳族自治州福贡县、保山市各区县水域。

物种濒危等级：无危。

附录 野外工作照片

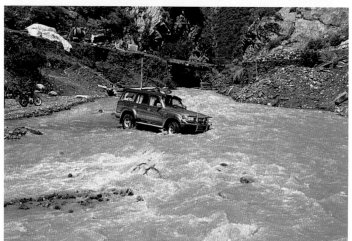

图书在版编目（CIP）数据

怒江鱼类图册 / 刘绍平等编著. —北京：中国农业出版社，2022.6

ISBN 978-7-109-29492-9

Ⅰ.①怒… Ⅱ.①刘… Ⅲ.①怒江 – 鱼类 – 画册 Ⅳ.①Q959.4–64

中国版本图书馆CIP数据核字（2022）第095038号

中国农业出版社出版

地址：北京市朝阳区麦子店街18号楼

邮编：100125

责任编辑：吴洪钟　　文字编辑：林维潘

责任设计：王　晨　　责任校对：周丽芳

印刷：北京通州皇家印刷厂

版次：2022年6月第1版

印次：2022年6月北京第1次印刷

发行：新华书店北京发行所

开本：787mm×1092mm　1/16

印张：4.25

字数：85千字

定价：40.00元